FIELD GUIDE
フィールドガイド

日本のヘビ

日本産種を完全網羅
美しい写真で識別点がわかる

福山 伊吹　福山 亮部
田原 義太慶　堺 淳

誠文堂新光社

はじめに

　日本には40種以上のヘビが分布し、北海道から沖縄まで、街中の公園から深山幽谷まで、水の中から木の上まで、あらゆる場所に生息します。よほどの都会でない限り、皆さんの家の近所にもアオダイショウやシマヘビといった種が生息しているでしょう。ただし、ヘビは身近な生き物である一方で、狙って出会うのは簡単ではありません。人生において、「ヘビを見たことがある」という人は多いと思いますが、「ヘビを日常的に見る」という人は、よほどの生き物好きでない限りはほとんどいないのではないでしょうか。しかし、見つけるのが簡単ではない分、探し甲斐のようなものはありますし、見つけたときの喜びは大きいものです。本書はそんなヘビに魅せられ、いつでもどこでもヘビを追いかけてしまうようなヘビ好きたちによって、作られた本です。執筆にあたっては、これまでの経験を活かして、野外でヘビを探す際やヘビを識別する際に役立つ本を作ることを目指しました。この本を片手に日本中のフィールドでヘビ探しをしていただければ、それに勝る喜びはありません。

福山 伊吹

　本書を手に取ってくださった皆さま、旅はお好きでしょうか？旅をする理由は人それぞれですが、筆者の場合はヘビを見ることが旅の目的になることも多いです。例えば、日本には40種を超えるヘビが分布していますが、1箇所で見られるのは多くても10種程度です。トカラ列島にはトカラハブ、奄美群島にはヒャン、宮古諸島にはミヤコヒメヘビ、八重山諸島にはイワサキセダカヘビ、与那国島にはヨナグニシュウダといったように、それぞれの地域に固有の、魅力的な種が分布しています。そしてヘビの場合、探しに行けば必ず見られるといった保証はなく、見つけられるかどうかには天候や運なども必要です。本書の写真には、著者や写真提供者の方々がそのヘビに出会った旅の思い出1つ1つが詰まっています。本書は持ち運びしやすいハンディ版になっており、かつ現場で役立つ情報をたっぷりと盛り込んであります。ぜひ本書とともに日本各地でヘビ探しの旅を楽しんでください。

福山 亮部

さまざまな科や数十種のヘビが同環境に生息している海外の熱帯域などに比べれば、日本のヘビの種数は少なく感じるかもしれない。しかし、日本はその国土面積に対して非常に多くの種を有する地域で、島嶼ごとの種構成やそれぞれの種の個体変異、地域変異まで考えると、その多様性は他地域と比べても決して低くはない。本書ではそうした多様性を理解してもらうために、野外でも活用できるフィールドガイドの役割を果たすことを主題として制作に臨んだ。それぞれの種の解説や判別だけでなく、フィールドでの探し方や撮影方法、また分類学的な解説や毒ヘビへの対処法など、コンパクトながら総合的に日本のヘビを理解する内容になっていると思う。本書を手にフィールドへ出かけ、野外で生きるヘビたちの姿を観察し、その魅力を感じてもらえれば筆者冥利に尽きる。

田原 義太慶

　しばしば「毒ヘビと無毒ヘビの見分け方は？」という質問をされるが、外見だけで判別するのは一般の人にはなかなか難しい。特にヤマカガシやニホンマムシは色彩変異が大きいため、ヘビを見る機会の多い農家の人でも間違っていることがある。また、いまだに「頭が三角なのが毒ヘビだ」と説明している人も多いが、無毒ヘビでも、威嚇するときには顎を横に張って自分を大きく見せようとする。そうすると頭が三角に見える。一面的な見方だけで昔から伝えられてきたことが、今でも正しいと思っている人が多いのは、なぜかヘビが特殊な生き物、または不思議な生き物だと思っているからなのかもしれない。今まで持っていた先入観を捨て、この本を片手に自然の中でよくヘビを観察していただければと思う。そうすれば、特徴の違いがわかるようになり、興味を持ってヘビを見るようになるだろう。

堺 淳

日本のヘビ
目次

はじめに ———————————————— 2
本書の使い方 ————————————— 6
凡例 ————————————————— 8

第1章 ヘビの基礎知識

ヘビの進化と分類 ——————————— 10
日本のヘビ —————————————— 12
生物地理 ——————————————— 16
ヘビの形態 —————————————— 20
ヘビの活動と季節の変遷 ———————— 30
ヘビの行動 —————————————— 32
ヘビの生息環境と探し方 ———————— 34
ヘビの調査・観察に役立つ道具 ————— 38
ヘビの撮影テクニック ————————— 42
ヘビに関わる法律 ——————————— 50
絶滅危惧種 —————————————— 52
毒ヘビとは —————————————— 54
毒ヘビ咬傷の予防と対処法 ——————— 56
用語解説 ——————————————— 60
簡易検索 ——————————————— 62
日本産ヘビ類検索表 —————————— 72

column
近年の分類学的変更 —————————— 29
日本のヘビ研究者1 —————————— 78
日本のヘビ研究者2 —————————— 101
日本最大のヘビ・最小のヘビ —————— 123
ヘビの雌雄 —————————————— 221
ヘビの抗毒素血清 ——————————— 249

ブックデザイン　　米倉英弘（米倉デザイン室）
校正　　　　　　　金子亜衣

第2章 ヘビ図鑑

1 メクラヘビ科 ─── 80
ブラーミニメクラヘビ ─── 82

2 タカチホヘビ科 ─── 84
タカチホヘビ ─── 86
アマミタカチホ ─── 90
ヤエヤマタカチホ ─── 94

3 セダカヘビ科 ─── 96
イワサキセダカヘビ ─── 98

4 ナミヘビ科 ─── 102
ミヤコヒメヘビ ─── 104
ミヤラヒメヘビ ─── 106
リュウキュウアオヘビ ─── 108
サキシマアオヘビ ─── 112
アカマタ ─── 116
アカマダラ ─── 120
サキシママダラ ─── 124
サキシマバイカダ ─── 128
シロマダラ ─── 132
ジムグリ ─── 136
アオダイショウ ─── 140
シマヘビ ─── 144
サキシマスジオ ─── 148
タイワンスジオ ─── 152
シュウダ ─── 154
ヨナグニシュウダ ─── 156
キクザトサワヘビ ─── 158
ガラスヒバァ ─── 160
ミヤコヒバァ ─── 164
ヤエヤマヒバァ ─── 166
ヒバカリ ─── 170
ダンジョヒバカリ ─── 174
ヤマカガシ ─── 176

5 コブラ科 ─── 182
イワサキワモンベニヘビ ─── 184
ヒャン ─── 188
ハイ ─── 192
クロガシラウミヘビ ─── 196
マダラウミヘビ ─── 198
クロボシウミヘビ ─── 200
セグロウミヘビ ─── 202
ヨウリンウミヘビ ─── 204
イイジマウミヘビ ─── 206
エラブウミヘビ ─── 210
ヒロオウミヘビ ─── 214
アオマダラウミヘビ ─── 218

6 クサリヘビ科 ─── 222
サキシマハブ ─── 224
タイワンハブ ─── 228
トカラハブ ─── 230
ホンハブ ─── 234
ヒメハブ ─── 238
ニホンマムシ ─── 242
ツシママムシ ─── 246

参考文献 ─── 250
あとがき ─── 253
和名索引 ─── 254
学名索引 ─── 255

本書の使い方

第1章では、ヘビの生物学・形態学的特徴をはじめ、調査や観察に役立つ道具、写真撮影テクニック、ヘビに関わる法律、絶滅危惧種、毒ヘビとその対処法、用語解説と、ヘビに関する基礎知識をていねいに解説し、種判別に役立つ充実した検索表を掲載しています。

❶ 種名
一般的な和名を記載しています。

❷ 学名
属名、種小名、亜種名(亜種の場合)の順で記載され、その後に命名者名と命名された年号が付されています。命名された後になってから、分類学的変更によって属が変更された場合は、命名者名と年号が括弧でくくられています(詳しくはp.60「用語解説」の「学名」の項を参照)。

❸ 学名の意味、模式産地
学名の意味と、模式産地(種または亜種の記載時に用いられた模式標本が採集された場所)を記載しています。

❹ 生体写真
各種ヘビの全体がわかる、成蛇の白背景写真を掲載しています。雌雄が判別できているものはオス成蛇・メス成蛇と、不明のものは成蛇と記載しています。

❺ 解説
分布、全長、尾長、鱗の枚数・特徴、特徴・見分け方、生息環境、見つかる場所、活動時間、行動、食性、採餌、繁殖、毒性、保全状況について解説しています。

第2章 ヘビ図鑑 ナミヘビ科

アオダイショウ
Elaphe climacophora (Boie, 1826)

学名の意味: *climaco* "はしご" + *phora* "を持つ"
模式産地: 日本

オス成蛇(新潟県/福山伊)

分布: 北海道、本州、四国、九州および周辺島嶼(国後島、奥尻島、佐渡島、伊豆諸島の一部、隠岐、壱岐、対馬、五島列島、甑島列島、大隅諸島など)
全長: 110〜210cm
尾長: 全長の20〜25%程度

鱗の枚数・特徴
頬板: 1　　　眼前板: 1
眼後板: 2〜3(まれに1)
上唇板: 8〜9 下唇板: 9〜12
体鱗列数(頸部): 23〜27
体鱗列数(胴中央): 23〜25
体鱗列数(胴後方): 19
キール: 弱い 腹板: 221〜245
側稜: 顕著　肛板: 二分

尾下板: 97〜119対
※眼前下板を1枚とすることもある

特徴・見分け方: 背面は灰褐色から緑褐色で、背面から側面に不明瞭な暗色の縦条を4本持つ。幼蛇は体色が明るく、背面から側面に暗色の斑紋を持つ。色彩はしばしばシマヘビと似るが、本種は虹彩が赤みがかっていないことで見分けられる
生息環境: 低地から高山の森林や河原などに生息し、人家の周辺で見つかることも多い
見つかる場所: 日中に路上などで移動中や日光浴中の個体がよく見つかるほか、樹上やコンクリート壁の水

140

第2章では、43種＋4亜種のヘビそれぞれについて、白背景の写真に加え、模式産地、分布、全長などの各種データ、特徴や見分け方、生息環境、見つかる場所、活動時間、行動、食性、採餌、繁殖、毒性、保全状況を解説。貴重な生態をとらえたフィールド写真も多数掲載しています。

オス成蛇腹面（北海道／福山伊）

❻ 標本写真
腹面、頭部や体鱗など体の部位を拡大したもの、幼蛇、色彩変異などの写真を掲載しています。

オス成蛇頭部側面（新潟県／福山伊）

成蛇体鱗（京都府／福山亮）

暗褐色の斑紋が入る幼蛇（長野県／福山伊）

まだ幼蛇の模様が残る若い個体（北海道／福山伊）

❼ フィールド写真
解説ページに続けて、貴重な生態をとらえたフィールド写真を掲載しています。

抜きパイプ内などで見つかることも珍しくない。
活動時間：昼行性。ただし幼蛇は夜間も活動していることがある
行動：個体にもよるが、シマヘビなどと比べるとつかんだ際に咬みついてきたりする事は少ない
食性：主に哺乳類や鳥類
採餌：徘徊型および待ち伏せ型の採餌を行う。樹上の
もある
繁殖：7～8月に3～
毒性：なし
保全状況：多くの
ドリストに未掲載
京都などのいくつ
で準絶滅危惧に選

7

凡例

- 本書では、日本に分布するヘビ43種と亜種4種すべてを取り上げ解説する。
- 分類体系は原則として『新 日本両生爬虫類図鑑』(日本爬虫両棲類学会編 2021) に準拠している。
- 本書に掲載した種の和名や学名は基本的に『新 日本両生爬虫類図鑑』(日本爬虫両棲類学会編 2021) に準拠しているが、一部の種については、過去に『原色両生・爬虫類』(千石正一編 1979)、『日本動物大百科(第5巻)』(千石正一ほか編 1996)、『決定版 日本の両生爬虫類』(内山りゅうほか著 2002)などで使用されている和名を採用した。
- 各科と種については、原則として系統的に近縁な種同士が連続するよう配列した。
- 写真については、キャプションの末尾に括弧書きでヘビの産地と撮影者名を記載した。ただし、撮影者が「田原義太慶」の場合は「田原」、「福山伊吹」の場合は「福山伊」、「福山亮部」の場合は「福山亮」と、略称で記載した。
- 本書の執筆担当は以下に記載した。

福山伊吹
[第1章] ヘビの進化と分類、日本のヘビ、ヘビの形態、ヘビに関わる法律(分担)、絶滅危惧種、用語解説、簡易検索(分担)、日本産ヘビ類検索表　[第2章] ブラーミニメクラヘビ、タカチホヘビ、アマミタカチホ、ヤエヤマタカチホ、ミヤコヒメヘビ、ミヤラヒメヘビ、リュウキュウアオヘビ、サキシマアオヘビ、サキシマバイカダ、シロマダラ、ジムグリ、アオダイショウ、キクザトサワヘビ、イワサキワモンベニヘビ、ヒャン、ハイ　[コラム] 近年の分類学的変更、日本のヘビ研究者1、日本のヘビ研究者2

福山亮部
[第1章] ヘビの活動と季節の変遷、ヘビの行動、ヘビの調査・観察に役立つ道具、ヘビの撮影テクニック(著者陣の撮影機材、白背景)　[第2章] イワサキセダカヘビ、アカマタ、サキシマスジオ、タイワンスジオ、シュウダ、ヨナグニシュウダ、ガラスヒバァ、ミヤコヒバァ、ヤエヤマヒバァ、ヒバカリ、ダンジョヒバカリ、ヤマカガシ、ヒメハブ、ニホンマムシ、ツシママムシ　[コラム] ヘビの雌雄

田原義太慶
[第1章] 生物地理、ヘビの生息環境と探し方、ヘビの撮影テクニック(野外写真)、ヘビに関わる法律(分担)、毒ヘビとは、簡易検索(分担)　[第2章] アカマダラ、サキシマダラ、シマヘビ、クロガシラウミヘビ、マダラウミヘビ、クロボシウミヘビ、セグロウミヘビ、ヨウリンウミヘビ、イイジマウミヘビ、エラブウミヘビ、ヒロオウミヘビ、アオマダラウミヘビ、サキシマハブ、タイワンハブ、トカラハブ、ホンハブ　[コラム] 日本最大のヘビ・最小のヘビ

堺淳
[第1章] 毒ヘビ咬傷の予防と対処法　[コラム] ヘビの抗毒素血清

第1章 ヘビの基礎知識

ヘビの進化と分類

ひと口にヘビといっても、ヘビ亜目は4000種以上を含む非常に多様なグループである。ここでは、ヘビ亜目の進化と科レベルでの分類について解説する。

　現生の爬虫類は、カメ目、ワニ目、ムカシトカゲ目、有鱗目の4つに分けられる。このうち、最も高い多様性を誇るのが有鱗目で、1万2000種ほどが含まれる爬虫類の98%以上は有鱗目である。ヘビは、有鱗目のヘビ亜目に属する爬虫類であり、1億5000万年ほど前にトカゲ類から分岐して生じた動物群である。外見上の特徴として、体が細長く、四肢や外耳孔、瞼を持たない、尾が切れても再生しないなどの形質を持つ。系統的には、オオトカゲ、ドクトカゲ、アシナシトカゲ、イグアナ、アガマ、カメレオンなどと一群を成し、これらとともに有毒有鱗類というグループにまとめられている。有毒有鱗類は毒腺を持つ共通祖先から分化したと考えられているグループだが、多くの種では強い毒性は失われており、現在では、ドクトカゲ、クサリヘビ、コブラなどの一部のグループのみが強い毒性を有している。また、ヘビがどのような生態の祖先から生じたかというのは進化上の大きなトピックの1つで、地中性説、海洋性説、地上性説という3つの説があるが、いまだに決着はついておらず、どのような過程で四肢を失ったかについてはまだよくわかっていない部分が多い。ヘビは南極大陸を除くすべての大陸に4000種以上が分布し、赤道直下から北極圏まで、海中から樹上まで、あらゆる環境に適応して多様化している。また、食性の特殊化および多様化が著しく、多様な生物の捕食者として大きな地位を占めている。

　ヘビ亜目は地中性に特化した形態を持つメクラヘビ下目とそれ以外のすべてのヘビ類を含む真蛇下目に大きく分けられる。真蛇下目はさらにドワーフボア科とサンゴパイプヘビ科からなるグループ、ボアやニシキヘビなどが含まれる旧蛇類、ナミヘビ科やクサリヘビ科、コブラ科などが含まれる新蛇類の3つのグループに分けられ、日本に分布する在来種はすべて新蛇類に含まれる。新蛇類の中では、ヤスリヘビ科やタカチホヘビ科、セダカヘビ科、クサリヘビ科といったグループは祖先的であり、コブラ科やナミヘビ科は比較的新しい年代になってから生じて、高度に多様化したグループである。日本には、メクラヘビ下目メクラヘビ科のブラーミニメクラヘビが外来種として侵入しており、それ以外の在来種としては、新蛇類のタカチホヘビ科、セダカヘビ科、クサリヘビ科、コブラ科、ナミヘビ科が分布している。

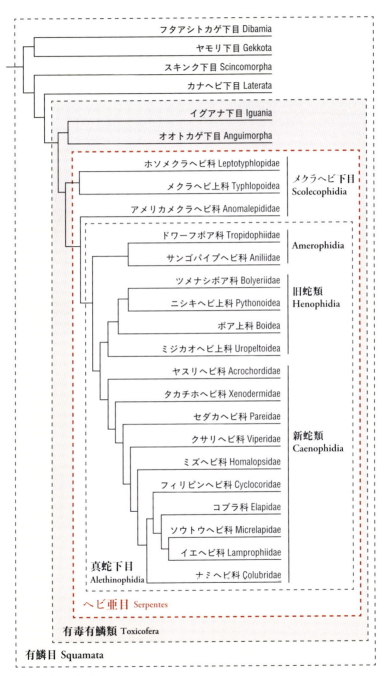

有鱗目の系統樹

日本のヘビ

日本にはどのようなヘビがいるのだろうか。日本国内で知られているヘビ類について、科ごとに概説する。

メクラヘビ科

18属280種ほどが知られており、タイプ属はメクラヘビ属 *Typhlops*。熱帯・亜熱帯地域を中心に世界中に分布する。最大で95cmほどになる種が知られるが、多くの種は小型。体が円筒状で、腹板を持たず、全身が平滑な鱗で覆われる。眼が退化して鱗に覆われる。尾は非常に短い。地中性で、多くの種はアリやシロアリの蛹や幼虫、卵を捕食する。卵生。本科のブラーミニメクラヘビはヘビ類で唯一、単為生殖をすることで知られる。日本ではインドメクラヘビ属 *Indotyphlops* のブラーミニメクラヘビのみが国外外来種として琉球列島を中心に分布する。

ブラーミニメクラヘビ

タカチホヘビ科

6属36種が知られており、タイプ属はミツウロコヘビ属 *Xenodermus*。インド北東部から東南アジア、東アジアにかけて分布する。小型種が多く、最大でも全長90cm程度。体鱗は全体が皮膚と癒合する。尾下板は対にならず1列。多くの種が森林性、かつ半地中性で、生態的な知見が少ない。日本ではタカチホヘビ属 *Achalinus* の3種が、本州から琉球列島にかけて分布する。

タカチホヘビ

セダカヘビ科

4属46種が知られており、タイプ属はセダカヘビ属 *Pareas*。インドから東南アジア、東アジアにかけて分布する。セダカヘビ科は形態および生態が大きく異なるセダカヘビ亜科 Pareinae とホソバナヘビ亜科 Xylophiinae からなる。日本に分布するセダカヘビ亜科は頭部が大きく、体は左右に扁平し、左右の咽頭板の間に頤溝(おとがいこう)が入らないといった特徴がある。小型種が多く、全長40〜80cm程度。多くの種が樹上性で、すべての種が卵生。カタツムリもしくはナメクジ専食で、それに伴った形態的な特殊化を遂げている。日本ではセダカヘビ亜科セダカヘビ属のイワサキセダカヘビ *P. iwasakii* のみが八重山諸島に分布する。

イワサキセダカヘビ

ナミヘビ科

　260属2000種以上が知られ、タイプ種はレーサー属 *Coluber*。南極大陸を除いた世界各地に分布する。形態的、生態的な多様性がきわめて高い。エダムチヘビ亜科 Ahaetuliinae、ヒメヘビ亜科 Calamariinae、ナミヘビ亜科 Colubrinae、マイマイヘビ亜科 Dipsadinae、グレイヘビ亜科 Grayiinae、ユウダ亜科 Natricinae、ハスカイヘビ亜科 Pseudoxenodontinae、フルートヘビ亜科 Sibynophiinae の8つの亜科に分かれる。近年の分子系統学的な研究から、これらの亜科のうち、少なくともいくつか（ユウダ亜科、マイマイヘビ亜科など）は独立した科として扱われることが多いが、本書では保守的に亜科として扱った。日本にはヒメヘビ亜科、ナミヘビ亜科、ユウダ亜科が分布する。ヒメヘビ亜科は基本的に小型で、森林性かつ地中性でミミズを捕食する種が多く、卵生。ナミヘビ亜科は、20cm程度の小型種から300cmを超える大型種まで、形態的にも生態的にも非常に多様な種が含まれる。ユウダ亜科も多様なグループだが、水辺に生息する種が多く、胎生種も少なくない。日本ではヒメヘビ亜科 ヒメヘビ属 *Calamaria* の2種が宮古諸島と与那国島に、ナミヘビ亜科の4属11種3亜種（うち1亜種が国外外来種）が全国に、ユウダ亜科の3属6種1亜種が本州から琉球列島にかけて分布する。

コブラ科

　59属400種以上が知られ、タイプ属は *Elaps* だが、本属は現在ではイエヘビ科ピエロヘビ属 *Homoroselaps* のシノニムとされている。熱帯・亜熱帯地域を中心に陸域ではアジア、アフリカ、南北アメリカに分布し、太平洋からインド洋にかけての海洋にも分布する。上顎の前部に溝のある毒牙を持ち、強い毒を持つ種も多い。毒牙は直立し、固定されている。目が小さい種が多く、頬板を持たない。コブラ亜科 Elapinae とウミヘビ亜科 Hydrophiinae の2つからなり、どちらの亜科も日本に分布する。コブラ亜科は、陸性または半水性で基本的には卵生。キングコブラやインドコブラなどのいわゆるフードコブラも含まれる。ウミヘビ亜科は、オーストラレーシアに分布する陸性種と、ウミヘビと呼ばれる海洋に進出した種に分けられる。エラブウミヘビ属 *Laticauda* とその他のウミヘビ類はまったく異なる系統であり、それぞれが独立に海洋に進出したとされる。ウミヘビは扁平なオール状の尾や塩類腺などの特徴を共通して持つ。日本では、コブラ亜科ワモンベニヘビ属 *Sinomicrurus* の3種が琉球列島に、ウミヘビ亜科 Hydrophiinae の3属9種が大隅諸島以南の海域を中心に分布する。

サキシマスジオ

イワサキワモンベニヘビ

クサリヘビ科

　37属400種ほどが知られ、タイプ属はクサリヘビ属 *Vipera*。オーストラリア、マダガスカル、南極などを除き、世界各地に分布する。小型から中型の種が多いが、最大で300cmを超えるブッシュマスター *Lachesis muta* のような大型種も知られる。すべての種が有毒で、長大で中空な毒牙を持つ。毒牙は可動性が高く、普段は口蓋に折りたたまれている。アゼミオプス亜科 Azemiopinae、クサリヘビ亜科 Viperinae、マムシ亜科 Crotalinae の3つからなる。日本に分布するマムシ亜科は、鼻腔と眼の間にピット器官と呼ばれる赤外線受容器官を持つ。ピット器官は、鳥類や哺乳類といった熱を発する内温動物を感知し、捕食するのに役立てているとされる。地上性種が多いが樹上性種も少なくない。脊椎動物を捕食することが多いが、昆虫やムカデなどの無脊椎動物を捕食する種もいる。多くの種は胎生だが、一部の種は卵生。日本ではマムシ属 *Gloydius* の2種が北海道から九州と周辺島嶼に分布し、ヤマハブ属 *Ovophis* の1種とハブ属 *Protobothrops* の4種（うち1種は国外外来種）が琉球列島に分布する。

ヒメハブ

日本産ヘビ類リスト

メクラヘビ科
Typhlopidae Merrem, 1820

タカチホヘビ科
Xenodermidae Gray, 1849

セダカヘビ科
Pareidae Romer, 1956

ナミヘビ科
Colubridae Oppel, 1811

　ヒメヘビ亜科
　Calamariinae Bonaparte, 1

　ナミヘビ亜科
　Colubrinae Oppel, 1811

　ユウダ亜科
　Natricinae Bonaparte, 1838

コブラ科
Elapidae Boie, 1827

　コブラ亜科
　Elapinae Boie, 1827

　ウミヘビ亜科
　Hydrophiinae Fitzinger, 18

クサリヘビ科
Viperidae Laurenti, 1768

　マムシ亜科
　Crotalinae Oppel, 1811

日本国内で知られているヘビ類のリスト。*は日本固有種または固有亜種、†は国外外来種を示す。

インドメクラヘビ属 *Indotyphlops* Hedges, Marion, Lipp, Marin et Vidal, 2014	ブラーミニメクラヘビ *Indotyphlops braminus* (Daudin, 1803) †
タカチホヘビ属 *Achalinus* Peters, 1869	タカチホヘビ *Achalinus spinalis* Peters, 1869 アマミタカチホ *Achalinus werneri* Van Denburgh, 1912* ヤエヤマタカチホ *Achalinus formosanus chigirai* Ota et Toyama, 1989*
セダカヘビ属 *Pareas* Wagler, 1830	イワサキセダカヘビ *Pareas iwasakii* (Maki, 1937)*
ヒメヘビ属 *Calamaria* H. Boie in F. Boie, 1827	ミヤコヒメヘビ *Calamaria pfefferi* Stejneger, 1901* ミヤラヒメヘビ *Calamaria pavimentata miyarai* Takara, 1962*
アオヘビ属 *Cyclophiops* Boulenger, 1888	リュウキュウアオヘビ *Cyclophiops semicarinatus* (Hallowell, 1861)* サキシマアオヘビ *Cyclophiops herminae* (Boettger, 1895)*
オオカミヘビ属 *Lycodon* H. Boie in Fitzinger, 1826	アカマタ *Lycodon semicarinatus* (Cope, 1860)* アカマダラ *Lycodon rufozonatus rufozonatus* Cantor, 1842 サキシママダラ *Lycodon rufozonatus walli* (Stejneger, 1907)* サキシマバイカダ *Lycodon multifasciatus* (Maki, 1931)* シロマダラ *Lycodon orientalis* (Hilgendorf, 1880)*
ジムグリ属 *Euprepiophis* Fitzinger, 1843	ジムグリ *Euprepiophis conspicillatus* (Boie, 1826)*
ナメラ属 *Elaphe* Fitzinger, 1833	アオダイショウ *Elaphe climacophora* (Boie, 1826)* シマヘビ *Elaphe quadrivirgata* (Boie, 1826)* サキシマスジオ *Elaphe taeniura schmackeri* (Boettger, 1895)* タイワンスジオ *Elaphe taeniura friesi* (Werner, 1926) † シュウダ *Elaphe carinata carinata* (Günther, 1864) ヨナグニシュウダ *Elaphe carinata yonaguniensis* Takara, 1962*
サワヘビ属 *Opisthotropis* Günther, 1872	キクザトサワヘビ *Opisthotropis kikuzatoi* (Okada et Takara, 1958)*
ヒバカリ属 *Hebius* Thompson, 1913	ガラスヒバァ *Hebius pryeri* (Boulenger, 1887)* ミヤコヒバァ *Hebius concelarus* (Malnate, 1963)* ヤエヤマヒバァ *Hebius ishigakiensis* (Malnate et Munsterman, 1960)* ヒバカリ *Hebius vibakari vibakari* (Boie, 1826)* ダンジョヒバカリ *Hebius vibakari danjoensis* (Toriba, 1986)*
ヤマカガシ属 *Rhabdophis* Fitzinger, 1843	ヤマカガシ *Rhabdophis tigrinus* (Boie, 1826)*
フモンベニヘビ属 *Sinomicrurus* Slowinski, Boundy et Lawson, 2001	イワサキワモンベニヘビ *Sinomicrurus iwasakii* (Maki, 1935)* ハイ *Sinomicrurus boettgeri* (Fritze, 1894)* ヒャン *Sinomicrurus japonicus* (Günther, 1868)*
ウミヘビ属 *Hydrophis* Latreille, 1802	クロガシラウミヘビ *Hydrophis melanocephalus* Gray, 1849 マダラウミヘビ *Hydrophis cyanocinctus* Daudin, 1803 クロボシウミヘビ *Hydrophis ornatus maresinensis* Mittleman, 1947 セグロウミヘビ *Hydrophis platurus* (Linnaeus, 1766) ヨウリンウミヘビ *Hydrophis stokesii* (Gray, 1846)
カメガシラウミヘビ属 *Emydocephalus* Krefft, 1869	イイジマウミヘビ *Emydocephalus ijimae* Stejneger, 1898
エラブウミヘビ属 *Laticauda* Laurenti, 1768	エラブウミヘビ *Laticauda semifasciata* (Reinwardt, 1837) ヒロオウミヘビ *Laticauda laticaudata* (Linnaeus, 1758) アオマダラウミヘビ *Laticauda colubrina* (Schneider, 1799)
ハブ属 *Protobothrops* Hoge et Romano-Hoge, 1983	サキシマハブ *Protobothrops elegans* (Gray, 1849) タイワンハブ *Protobothrops mucrosquamatus* (Cantor, 1839) † トカラハブ *Protobothrops tokarensis* (Nagai, 1928)* ホンハブ *Protobothrops flavoviridis* (Hallowell, 1861)*
ヤマハブ属 *Ovophis* Burger in Hoge et Romano-Hoge, 1981	ヒメハブ *Ovophis okinavensis* (Boulenger, 1892)*
マムシ属 *Gloydius* Hoge et Romano-Hoge, 1981	ニホンマムシ *Gloydius blomhoffii* (Boie, 1826)* ツシママムシ *Gloydius tsushimaensis* (Isogawa, Moriya et Mitsui, 1994)*

生物地理

生き物を理解するためには、分布や地域の種構成を知ることが重要だ。日本のヘビ相は他国と比べて独特で、固有種も多い。どの地域にどのようなヘビがいるかを見ていこう。

日本の国土は南北に長いため、亜寒帯・温帯・亜熱帯と3つの異なる気候区分を持つ。また多くの島嶼を有し、特に琉球列島のヘビ相はそれぞれの島嶼群によって独特である。生物地理の区分として、日本は北海道から九州南部の吐噶喇列島の悪石島と小宝島の間にあるトカラギャップ以北を旧北区、トカラギャップ以南の琉球列島を東洋区と区分けされている。旧北区に属する北海道・本州・四国・九州およびその周辺の島嶼のヘビ相はおおむね共通であるが、北海道ではヤマカガシやヒバカリといったユウダ亜科が分布していなかったり、対馬ではツシママムシやアカマダラなど本土では見られない種が分布していたりする。トカラギャップ以南の東洋区では先に述べた地域と種構成がまったく異なっており、旧北区ではほとんど見られないコブラ科や、属レベルでもヒメヘビ属、セダカヘビ属、アオヘビ属、ハブ属といった異なる属のヘビが見られるようになる。琉球列島を含め日本のヘビ相は大陸との共通種が少なく、共通種でもほとんどが亜種レベルで分かれている。現在、国内外来種やウミヘビのような海性種を除いた在来の陸性ヘビ類の総数は5科14属32種3亜種で、他国と種レベルで共通するものはタカチホヘビ *Achalinus spinalis*、タイワンタカチホ *A. formosanus*、ナガヒメヘビ *Calamaria pavimentata*、シュウダ *Elaphe carinata*、スジオナメラ *E. taeniura*、アカマダラ *Lycodon rufozonatus*、ヒバカリ *Hebius vibakari* の7種のみである。亜種レベルではアカマダラ *L. r. rufozonatus* とシュウダ *E. c. carinata* が大陸と共通するのみで、他はすべて固有種および固有亜種となっている。

ホンハブ
奄美群島・沖縄諸島の固有種。現地の生態系の最上位捕食者であることに加え、人々に恐れられる有毒種でもあり、文化的にも重要な存在といえる

ダンジョヒバカリ
男女群島の男島にのみ分布が確認されている日本固有のヘビ。世界的に見てもその分布域は非常に小さい

アオダイショウ
北海道から九州にかけて広く分布する。見かける機会も多く、日本を代表するヘビといえるだろう

本州・四国・九州

タカチホヘビ科1属1種、ナミヘビ科5属6種、クサリヘビ科1属1種の、計8種が分布する。種構成にあまり違いは見られないが、ヤマカガシのように地域間で色彩に変異が見られる種もいる。周辺の島嶼にも各種が分布するが、タカチホヘビが分布する離島は少ない。アカマダラやツシママムシが分布する対馬や、ダンジョヒバカリが分布する男女群島男島などの特殊な島々もあるほか、近年では国外外来種であるブラーミニメクラヘビの記録も複数地点で報告されるようになっている

北海道

ナミヘビ科3属4種とクサリヘビ科1属1種の、計5種が分布する。そのすべてが北海道や周辺の島々を分布域の北限や東限とする

アオダイショウ

ブラキストン線

北海道
アオダイショウ
シマヘビ
ジムグリ
シロマダラ
ニホンマムシ

シマヘビ

対馬
アオダイショウ
アカマダラ
ツシママムシ

ニホンマムシ

本州・四国・九州
タカチホヘビ　シロマダラ
アオダイショウ　ヒバカリ
シマヘビ　ヤマカガシ
ジムグリ　ニホンマムシ

※赤字は移入分布の種

小笠原諸島
ブラーミニメクラヘビ

男女群島
ダンジョヒバカリ（男島）
シロマダラ（女島）

ジムグリ

シロマダラ

ブラーミニメクラヘビ

大隅諸島・北琉球

大隅諸島は屋久島を南端とし、吐噶喇列島のうち、口之島から悪石島までが北琉球として定義される。大隅諸島には本土との共通種が多く分布する。特に屋久島にはタカチホヘビを除いた7種が分布し、多くの種の分布域の南限になっている。本土産ヘビ類の分布の南限は、口之島に分布するシマヘビとされているが、移入個体群である可能性も指摘されている

- アオダイショウ
- シマヘビ
- ジムグリ
- シロマダラ
- ヒバカリ（屋久島のみ）
- ヤマカガシ
- ニホンマムシ

種子島
屋久島
口之島
トカラギャップ

小宝島
宝島
- ブラーミニメクラヘビ
- リュウキュウアオヘビ
- トカラハブ

奄美大島
- ブラーミニメクラヘビ
- アマミタカチホ
- リュウキュウアオヘビ
- アカマタ
- ガラスヒバァ
- ヒャン
- ホンハブ
- ヒメハブ

徳之島

久米島
- ブラーミニメクラヘビ
- リュウキュウアオヘビ
- アカマタ
- キクザトサワヘビ
- ガラスヒバァ
- ハイ
- ホンハブ
- ヒメハブ

沖縄島
- ブラーミニメクラヘビ
- アマミタカチホ
- リュウキュウアオヘビ
- アカマタ
- タイワンスジオ
- ガラスヒバァ
- ハイ
- サキシマハブ
- タイワンハブ
- ホンハブ
- ヒメハブ

渡嘉敷島
- ブラーミニメクラヘビ
- アマミタカチホ
- リュウキュウアオヘビ
- アカマタ
- ガラスヒバァ
- ハイ
- ホンハブ
- ヒメハブ

北大東島
南大東島
- ブラーミニメクラヘビ

トカラハブ / ヒャン / アカマタ / ホンハブ

海洋

日本には3属9種のウミヘビが分布し、繁殖記録のないヨウリンウミヘビを除き、琉球列島はこれらウミヘビの繁殖集団の北限となっている。また奄美大島では日本に分布記録のない海草種であるヒメヤスリヘビの漂着個体と思われる標本が得られている

クロボシウミヘビ

中琉球

トカラギャップ以南に位置する北中琉球には、タカチホヘビ科1属1種、ナミヘビ科4属4種、コブラ科1属2種、クサリヘビ科2属3種の、計10種が分布する。吐噶喇列島の小宝島・宝島には固有種であるトカラハブが分布する。奄美群島と沖縄諸島には共通種が多いものの、ヒャンとハイのような近年別種に分けられたものや、ガラスヒバァやホンハブなど、両地域間での遺伝的な差異が大きいことが知られている種もいる。また、久米島には日本で唯一のサワヘビ属である、キクザトサワヘビが分布する。各地にブラーミニメクラヘビが移入しているほか、沖縄島ではタイワンスジオ、サキシマハブ、タイワンハブの定着も確認されている

南琉球

宮古諸島、八重山諸島、尖閣諸島からなる南琉球の島々は、各諸島で構成種が比較的異なる。全体ではタカチホヘビ科1属1種、セダカヘビ科1属1種、ナミヘビ科5属9種2亜種、コブラ科1属1種、クサリヘビ科1属1種の計13種2亜種が分布し、国内でも特にヘビ類の多様性が高い地域となっている。石垣島と西表島に分布するセダカヘビ科や、宮古諸島、与那国島に分布するヒメヘビ亜科のように、国内ではこれらの地域でしか見られない分類群もある

ミヤコヒメヘビ

サキシママダラ

イワサキセダカヘビ

サキシマスジオ

—— 尖閣諸島
ブラーミニメクラヘビ
アカマダラ
シュウダ

ヤエヤマヒバァ

ブラーミニメクラヘビ
ミヤコヒメヘビ
サキシマバイカダ
サキシママダラ
サキシマスジオ
ミヤコヒバァ

伊良部島
宮古島
宮古諸島

石垣島
西表島
八重山諸島

与那国島
ブラーミニメクラヘビ
ミヤラヒメヘビ
サキシママダラ
ヨナクーシュウダ

ブラーミニメクラヘビ
ヤエヤマタカチホ
イワサキセダカヘビ
サキシマアオヘビ
サキシマバイカダ
サキシママダラ
サキシマスジオ
ヤエヤマヒバァ
イワサキワモンベニヘビ
サキシマハブ

ヨナグニシュウダ

イワサキワモンベニヘビ

ヘビの形態

ヘビの形態は種によってさまざまな点で異なっており、それには系統や生態が大きく関わっている。ここでは、ヘビの基本的な外部形態と、そのバリエーションについて見ていく。

ヘビの体の特徴として、四肢や胸骨・外耳孔の欠如、伸長した体躯、左右が二股に分かれた細長い舌、透明な鱗に覆われた瞼のない眼などが挙げられる。爬虫類を始め、他の脊椎動物には先に挙げた個々の特徴を持つものもいるが、先述した特徴を1つの体にすべて内包する動物はヘビをおいてほかにないだろう。他の特徴としては、メクラヘビ科を除くすべてのヘビは下顎が靱帯によってのみ、ゆるく結合されているため、口を左右に大きく広げられるという点がある。現在知られているヘビはそのすべてが肉食動物であるため、こうした体の特徴は他の動物を捕食するために特化したものといえよう。

アオダイショウ全身

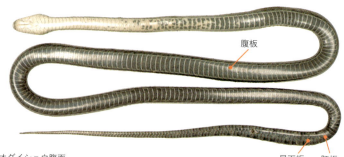

アオダイショウ腹面

ヘビの体

　ヘビの体の形には大きなバリエーションがあり、それらは生息環境や採餌戦略に関わっていることが多い。一般に樹上性種や海性種は縦に扁平な体型をしていることが多く、地中性種は円筒形の体型をしていることが多い。また、体が太短い種は待ち伏せ型の捕食者であることが多い。

頭部の大きさも生態や分類群によって違いが出る特徴の1つで、ミミズ食のヒメヘビ属やアオヘビ属は頭部が小さく、くびれがほとんどない一方で、クサリヘビ科の多くなどは頭部が大きく明瞭にくびれるといった違いが見られる。

待ち伏せ型で体が太短いヒメハブ

樹上性で体が細長いサキシマバイカダ

樹上性で体が縦に扁平なイワサキセダカヘビ

地中性で円筒形の体型をしているミヤラヒメヘビ

ミミズ食で頭部が小さいサキシマアオヘビ

頭部が大きく明瞭にくびれるホンハブ

ヘビの尾

尾の形や長さも分類群によって異なる。一般に地中性種は短い尾を持つことが多く、樹上性種は長い尾を持つことが多い。海性種は尾が縦に扁平で、先がオール状に広がる。また、メクラヘビ科やヒメヘビ属、ワモンベニヘビ属には、尾端が尖り、それを防御行動に用いる種もいる。

尾端が尖る短い尾を持つミヤコヒメヘビ

オール状に広がる尾を持つヒロオウミヘビ

鱗配置図

アオダイショウ鱗配置図側面

R：吻端板 Rostrial
N：鼻孔 Nostril
AN：前鼻板 Anterior Nasal
PN：後鼻板 Posterior Nasal
LO：頬板 Loreal
PrO：眼前板 Preocular
SPr：眼前下板 Subpreocular
PoO：眼後板 Postocular
T：側頭板 Temporal
S：上唇板 Supralabial
I：下唇板 Infralabial
M：頤板 Mental
IN：鼻間板 Internasal
PF：前額板 Prefrontal
F：額板 Frontal
SO：眼上板 Supraocular
P：頭頂板 Parietal
CS：咽頭板 Chin-shield
V：腹板 Ventral

アオダイショウ
鱗配置図背面

アオダイショウ
鱗配置図腹面

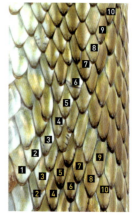

アオダイショウ体鱗

頭部の鱗

頭部の鱗は、一般的には大形鱗で構成されているが、マムシ属などを除く多くのクサリヘビ科では、頭部の大部分が体鱗と同程度の細かい鱗で覆われている。また、メクラヘビ科では眼が退化しており、眼板と呼ばれる眼を覆う鱗を持つ。頭部の鱗は基本的に左右対称に配置されているが、個体によっては上唇板や眼前板などの鱗が一部融合して、左右で数が異なることがある。また、陸貝を捕食するのに特化したセダカヘビ属では、頭部下面の鱗が左右非対称に配置されていることが知られている。さらに、ヒメヘビ属では鼻間板と前額板が融合して1対の大きな鱗になっていたり、サワヘビ属では左右の前額板が融合して1枚の鱗になっていたりと、分類群によって、典型的な配置の鱗を持っていないこともある。また、コブラ科は頬板を持たないことで知られる。

頭部が細かい鱗で覆われるサキシマハブ

眼が眼板に覆われるブラーミニメクラヘビ

頭部下面の鱗が左右非対称のイワサキセダカヘビ

鼻間板と前額板が融合しているミヤコヒメヘビ

前額板が融合しているキクザトサワヘビ

頬板を持たないイワサキワモンベニヘビ

体鱗

体鱗列数（腹板の両端の間に並ぶ体鱗の数）は、ヘビの分類形質として重要であり、属などの分類群レベルである程度一致することも多い。p.22右下の図のように、腹板に隣接する体鱗から背中側に向かって数えていき、最終的に腹板の反対側の端に触れる鱗までを数える。体鱗列数は普通、奇数であることが多く、左右対称に配置しているので、側面からの写真のみでも推測することが可能である。例えば、左下の図のシマヘビでは、最下方に腹板の端が写っており、それに隣接する鱗から上方に向かって数えていくと、背面の正中までに8枚の鱗を数えることができる。基本的には反対側にも同様に8枚の鱗があると考えられるので、この部位の体鱗列数は体の両側面の8枚に、正中線上に並ぶ1枚の鱗を加えて、8×2+1＝17と推測できる。また、体鱗は胴の中央部（頭部から総排出口までを結んだ中心）で最も多く、頭部や総排出口付近では少なくなることも多い。胴の前半部の体鱗列数といった際には、頭部後端から頭長分だけ後ろの位置か、胴の10枚目の位置で数え、胴の後半部の体鱗列数といった際には、総排出口から頭長分だけ前の位置か、腹板10枚分前の位置で数えることが多い。最も外側の列の体鱗といった際には、腹板に隣接する体鱗の列を指す。体鱗にキール（隆条）と呼ばれる筋状の突起を持つ種も存在する。キールの発達度合いはしばしば強弱で表現され、よく発達したキールが鱗に存在する種の場合、「強いキールを持つ」などと表現する。キールは体のすべての部位の体鱗で同じように発達しているわけではなく、背中側や胴の後半部、尾部のみでキールが発達していることも珍しくない。また、体鱗の後端に窪みを持つ種もおり、この窪みを鱗孔と呼ぶ。

体鱗にキールがないハイ

体鱗に明瞭なキールを持つニホンマムシ

背中側の体鱗のみにキールを持つシマヘビ

ヤマカガシの鱗の拡大図。中央のキールを挟んで後端の上下にある白っぽいものが鱗孔

腹板

　陸性のヘビのほとんどの種では、腹面の鱗が体鱗の少なくとも数倍の幅に大型化しており、この鱗を腹板という。腹板の数は分類形質として非常に重要で、腹板数のみで近縁種と識別される種もいる。腹板数は喉の下から総排出口の直前にある肛板までに並ぶ、大型化した鱗の数（肛板は含めない）であるが、喉の下では鱗が細かくなるため、腹板の1枚目をどの鱗とするかは判断が難しい場合がある。そのため、腹板の1枚目を決定する方法として、1951年に発表されたDowling's methodと呼ばれる方法が広く用いられている。Dowling's methodでは右下図のように、腹板に隣接する最も外側の体鱗列（体鱗の第1列。図で赤く着色）を吻端方面に伸ばして見ていった場合に、鱗の両側を体鱗の第1列で挟む最も前方の鱗を腹板の1枚目と判断する。

　主に樹上性種では、腹板の両側が折れるように垂直に角張っており、この構造を側稜という。海性種では、腹板の中央が折れ曲がるように盛り上がることもあり、その場合、腹板の中央にキールがあると表現される。

腹板が小さいクロガシラウミヘビ

明瞭な腹板を持たないブラーミニメクラヘビ

明瞭な側稜がないサキシマアオヘビ

明瞭な側稜があるサキシマバイカダ

腹板の中央にキールがあるエラブウミヘビ

Dowling's method

肛板

総排出口を覆うようにして存在する鱗が肛板である。肛板は基本的には種によって単一、または二分するかに分かれるが、ウミヘビ属のように3枚以上に分かれている種もいる。

肛板が4枚に分かれるセグロウミヘビ

尾下板

尾の下面に並ぶ鱗を尾下板といい、多くの種では対になって並んでいる。この尾下板が何対あるかについても重要な分類形質として用いられる。タカチホヘビ属など一部の分類群では、尾下板は対にならず、単一の尾下板が並んでいる。尾の先端をTail tipといい、ここの鱗は普通、尾下板数に含めない。

肛板が単一で、尾下板も対にならないアマミタカチホ。矢印で示した部分はTail tip

ピット器官

ボア科やニシキヘビ科、クサリヘビ科のマムシ亜科は頭部に熱を感じるピット器官を持つ。マムシ亜科のピットは眼と鼻孔の間に1対の穴として位置し、頬窩（頬ピット）と呼ばれる。

肛板が二分し、尾下板も二分するサキシマアオヘビ

矢印で示した部分がニホンマムシの頬窩

脱皮殻

ヘビは定期的に脱皮を行い、全身の鱗が繋がった状態で脱皮殻を残す。脱皮殻にはヘビの鱗の配置がそのまま残されているため、きれいに残された脱皮殻であれば、体鱗列数や頭部の各鱗の数から、どの種のものかを判断することができる。脱皮前の個体は全身が白濁し、眼も鱗に覆われていることから、眼の白濁によって脱皮が近いことがわかる。

アオダイショウの脱皮殻。鱗1枚1枚がはっきりと確認できる

ヘミペニス

 ヘビを含む有鱗目のオスは、ヘミペニス（半陰茎）と呼ばれる1対の生殖器を持つ。総排出口の尾側に1対が袋状に収まっており、交尾の際には反転して体外に突出させ、片側のみをメスの総排出口から挿入する。ヘミペニスの構造は分類形質として重要視され、科や属のレベルで、ある程度似通うことが知られるが、属内で多様性がある場合もある。ヘミペニスの基本的な形態として、分岐がないもの（single）、先端付近で分岐するもの（bilobed）、根元付近で分岐するもの（divided）の3種類があるとされる。ヘミペニスの表面には精溝（sulcus spermaticus）という、精液が伝う溝がある。精溝は、ナミヘビ科では分岐することもしないこともあるが、クサリヘビ科などは分岐した精溝を持つ。ヘミペニスを図示するときは、この精溝がある面をsulcate view、精溝がない面をasulcate viewと

ヘミペニスと精溝は分岐せず、基部に近い側には棘状の装飾を持ち、先端付近には網目状の装飾を持つリュウキュウアオヘビ。左がsulcate viewで、右がasulcate view

ヘミペニスは先端付近で分岐し、精溝は分岐しない。かつ基部に近い側には乳頭状の装飾を持ち、先端付近には網目状の装飾を持つサキシマスジオ

ヘミペニスと精溝は根元付近で分岐し、ヒダ状の装飾を持つタカチホヘビ

タカチホヘビと同様に、ヘミペニスと精溝は根元付近で分岐し、ヒダ状の装飾を持つイワサキセダカヘビ

呼ぶ。ヘミペニスの基部はなめらかで装飾を持たないことも多いが、基部以外の表面には装飾があることが多い。装飾は主にヒダ状、網目状、乳頭状、棘状の4種類に分けられる。これらの装飾の種類は部位によって異なることも多く、基部に近い側には棘状の装飾を持ち、先端付近には網目状の装飾を持つといったことも珍しくない。また、ヒダ状や網目状の装飾も拡大してみると、装飾の盛り上がった部分はなめらかだったり、棘があったりと、より細かい表面構造も多様である。種によっては、基部に特徴的な構造を持つこともあり、ヒバカリ属などでは、基部にbasal hookと呼ばれる鈎状の大きな棘がある。ヘミペニスの先端にも特徴的な構造があり、先端がなめらかで装飾がないもの、頭状のもの、円盤状になるもの、尖るものなどが知られている。

なお、ここで図示しているヘミペニスは、いずれも水、またはホルマリンで膨張させた状態のもので、野外でヘビを扱う際にこのような状態のものを見ることはほぼない。生きたオスのヘビの尾の基部を頭部方向に押すことで、ヘミペニスを確認することは可能だが、ここで示しているように先端までを外転させることはできない。

ヘミペニスと精溝は根元付近で分岐するサキシマハブ

basal hook（矢印）を持つヒバカリ

先端付近まで装飾がないヒロオウミヘビ

生きたジムグリのヘミペニスを押し出した状態。根本の棘状の突起は確認できるが、先端の装飾は確認できない。

column
近年の分類学的変更

　1990年代以降、DNA配列を直接読み取って比較することで、系統関係を推定することが一般的になった。これにより、それまで形態的な情報に基づいて行われてきたヘビ類の分類は大幅に変更されてきた。

　さらに近年、日本のヘビ類が含まれるグループで行われた分類学的変更としては、オオカミヘビ属やウミヘビ属、アオヘビ属に関するものが挙げられる。現在オオカミヘビ属 *Lycodon* とされているアカマタ、アカマダラ、サキシママダラ、シロマダラは比較的近年まで、マダラヘビ属 *Dinodon* とされていた。しかし、マダラヘビ属は系統的にはオオカミヘビ属に内含されることが明らかとなり、マダラヘビ属はオオカミヘビ属のシノニムとされ、これらの種はオオカミヘビ属とされるようになった。

　ウミヘビ属 *Hydrophis* は形態的な多様性が高く、かつて多くの属に分けられており、ヨウリンウミヘビはハラナシウミヘビ属 *Astrotia* やフトウミヘビ属 *Disteira* に、セグロウミヘビはセグロウミヘビ属 *Pelamis* とされてきた。しかし、分子系統学的な研究によって、ウミヘビ属の形態的な多様化が過去数百万年で急速に生じたものであることが明らかとなり、これらも現在は、すべてウミヘビ属にまとめられている。

　アオヘビ属 *Cyclophiops* についても、少なくとも一部の種はナンダ属 *Ptyas* に内含されることが明らかとなっており、近年では、アオヘビ属をナンダ属のシノニムとして扱うことが少なくない。ただし、その研究にはアオヘビ属の模式種や日本産の種が含まれていないなどの不充分な点があるため、日本の文献では、現状ではまだ保守的にアオヘビ属を認める立場をとることが多い。

　このように属がまとめられる一方で、全体として、近年は属や科を細分化する流れもあり、本書では亜科として扱っているユウダ亜科やヒメヘビ亜科は、国際的にはユウダ科、ヒメヘビ科という独立した科として扱うのが主流になりつつある。このような分類学的な変更は、それを提唱する論文が発表されてからしばらく時間が経って、いくつかの研究によってそれが支持されることが確かめられてから、国際的に受け入れられることが多く、しばらくは論文によって属や科の扱いが異なることも珍しくない。

かつて、マダラヘビ属とされていたシロマダラ

ナンダ属とされることもあるサキシマアオヘビ

ヘビの活動と季節の変遷

ヘビは暑すぎても寒すぎても、活動性が低下する。1年間の季節の移り変わりで、ヘビはどのように活動を変化させているだろうか。本州などの温帯域を例に紹介していきたいと思う。

●春（3〜4月）

冬眠から明けるこの時期、早ければ3月ごろからヘビを目にすることができる。まだ寒い日の多いこの時期は、冬眠場所の穴の近くで日光浴をする姿をよく見かける。暖かい日が増えてくると、活動性も上がっていく。

斜面の草地で日光浴をするヤマカガシ

●初夏（5〜6月）

暑すぎず、寒すぎもしないこの時期は、最もヘビを観察しやすい季節だろう。田んぼには水が入り、カエルを狙って多くのヘビが姿を見せる。夜の気温も20℃を超えるようになり、夜行性のヘビを目にする機会も増えてくる。アオダイショウやヒバカリなど、この時期に交尾を行う種も多い。

田植え後の田んぼの中を這うシマヘビ

●盛夏（7〜8月）

この時期は気温が非常に高くなり、日中にヘビを見かける機会が減ってくる。昼行性のヤマカガシなどでは、朝と夕方の涼しい時間帯の方が活動性が高くなる。本州の場合、ほとんどの種はこの時期に産卵を行う。また、ニホンマムシは8月ごろから交尾を行い、複数個体が密集して見られることもある。

夜間に待ち伏せしていたニホンマムシ

卵から顔を出すジムグリの幼蛇

● 秋（9〜11月）

　少し気温も落ち着くこの時期は、再びヘビを見かける機会が増えてくる。卵の孵化や、出産も行われ、生まれたての幼蛇を目にすることができる。ヤマカガシはこの時期に交尾を行い、翌年の春に遅延受精する。11月ごろからは寒い日も増え、活動性が低下してくる。

ニホンマムシが冬眠していた石垣

● 冬（12〜2月）

　気温が低下し、屋外でヘビを見かけることはほぼなくなる。地中に潜り、春になるまで冬眠する。冬眠場所としては、日当たりの良い斜面の穴の中や、石の下などが知られている。また、気温が高い日などでは、まれに活動中のヘビが目撃されることもある。

琉球列島の冬

　亜熱帯に位置する琉球列島でも、真冬の時期はヘビを見かける機会が少なくなる。特に奄美群島や沖縄諸島では気温が10℃近くまで下がることもあり、多くのヘビの活動性が低下する。そういった状況でも例外的によく出現しているのがヒメハブだ。冬季に産卵期を迎えるカエル類を狙い、多くのヒメハブが渓流や湿地などの水辺で待ち伏せを行う。冬季に待ち伏せをしているヒメハブの体温は、温帯のクサリヘビ類の活動体温と比較しても低いことがわかっており、亜熱帯の島々で寒冷な条件への適応をしている珍しい例として知られている。

12月に産卵期を迎えるリュウキュウアカガエル

12月に水場で待ち伏せしていたヒメハブ

ヘビの行動

ヘビはあまり動きのない動物だと思われがちだが、フィールドでヘビを観察していると、ヘビならではの多様な行動を見ることができる。いくつか代表的なものを紹介していきたいと思う。

「あくび」(Mouth gaping)

ヘビを観察していると、ときおり大きく口を開けることがある。俗に「あくび」と呼ばれる行動だが、人間のあくびとは異なる機能を持つ、異なる行動だと考えられている。研究は少ないものの、餌を飲んだ後の顎のストレッチや、口内にある鋤鼻器（ヤコブソン器官）での感覚受容の促進といった機能があると考えられている。

舌出し（Tongue flick）

ヘビは舌を出し入れすることで、餌となる動物のにおいや、交尾相手のフェロモンといった化学刺激を外部から取り入れ、採餌や繁殖に役立てている。舌そのものには受容体がなく、舌出しで得た化学物質を口内の鋤鼻器に運ぶことで、においなどの感知をしている。

威嚇・咬みつき

ヘビは外敵に遭遇した際、鎌首を持ち上げて警戒姿勢をとり、咬みついてくることがある。迷信でいわれるようにジャンプしてくるといったことはないが、曲げていた体を一気に伸ばすことで、想定以上に遠くまで攻撃が届くこともある。警戒行動をとっているヘビを見かけた際には、近づきすぎないよう注意したい。

首曲げ

　首を曲げる行動は、ヤマカガシ属の一部の種で知られている。ヤマカガシは首にある頸腺にヒキガエル由来の毒を溜めており、首を曲げることで捕食者の攻撃を首に誘導したり、毒をアピールしたりする効果があると考えられている。また、曲げた首を捕食者に対して擦り付けるような行動をとることもある。ヤマカガシはそれ以外にもさまざまな対捕食者行動を行うことが知られている。

尾振り

　捕食者に遭遇した際、ヘビはしばしば尾を振ることがある。尾振りの主な機能は2つあるとされている。1つ目は、尾を激しく振動させることで音を出し、捕食者への抑止力とする機能で、ナミヘビやクサリヘビの仲間でよく見られる。2つ目は尾を大きくゆらゆらと揺らすような行動で、尾に捕食者の注意を逸らすことで攻撃を尾に集中させ、他の部位への致命的な攻撃を避ける効果があると考えられている。

尾巻き

　ワモンベニヘビ属などのコブラの仲間の一部は、捕食者に襲われた際に尾を丸める対捕食者行動をとる。また、ハイでは丸めた尾を持ち上げて振るといった行動も知られている。これらの行動には、丸めた尾を頭部だと捕食者に誤認させ、尾への攻撃を誘発することで、頭部への致命的な攻撃を避ける効果があると推測されている。

ヘビの生息環境と探し方

ヘビは隠遁的な性質が強いものも多く、また環境中に紛れる名手でもあるので、種によっては見つけるのが非常に困難なものもいる。しかし、それぞれのヘビが好む環境や時間帯、または季節を把握することで、出会える確率は格段に上がってくる。

探す時間

ヘビは種や個体、季節によって多少の変化もあるが、主に昼に活動する昼行性、夜間に活動する夜行性、そして明け方や夕暮れに特に活発になる薄明薄暮性など、活動時間が種や属によって大まかに分かれる傾向にある。それぞれの種の生態を理解したうえで、まずは探すべき時間を決定しよう。

例えば北海道・本州・四国・九州などに分布するアオダイショウなどのナメラ属やヤマカガシは日の出とともに活動することが多く、午前中は体温を上げるため日の当たる場所で日光浴をしていることが多い。ニホンマムシは昼にも活動することが知られているが、夜間の方がより見つけやすい。シロマダラやタカチホヘビは主に夜間に活動し、昼間はほとんど隠れている。ヒバカリは明け

奄美大島の渓流。南西諸島のこうした環境では、昼夜ともにさまざまなヘビが現れる。危険な場所も多いので昼間の下見は重要である

方や夕暮れどきなどで、最も姿をよく見る。

琉球列島のヘビ類の場合、アオヘビ属やヒバカリ属は昼夜ともに活動しているものが多いが、ハブ類やオオカミヘビ属、セダカヘビ属、タカチホヘビ属、ワモンベニヘビ属は主に夜間に活動する。ヒメヘビ属なども夜間に活動するが、石の下や土中などに潜んでいることが多いため、地表で見られることは少ない。サキシマスジオやヨナグニシュウダといった南西諸島のナメラ属は昼間も活動するが、夜間も活動している姿をよく見かける。

ウミヘビ類はほとんどの種で昼夜ともに海中で活動している姿を見かける。ただし、エラブウミヘビ属のように、繁殖期に上陸して集団交尾をするような種については、繁殖活動はほとんど夜間でしか見られない。気温が20℃を切るような季節になると、ほとんどのヘビは活動を低下させ、北海道・本州・四国・九州などでは、10℃以下になるとすべてのヘビが冬眠に入る。ただしジムグリは耐寒性が高く、12月でも活動している姿が目撃されることがある。南西諸島に分布する種は冬眠しないが、やはり気温が低下する冬期は活動をせずに、隠れ家でじっとしている時間が長くなる。

例外として、ヒメハブは耐寒性が高く、餌となるアカガエルやハナサキガエルの繁殖期である冬期にこれらを捕食するため、他のヘビがほとんど活動しないような気温でも活発に活動する。

探す場所

ヘビは肉食動物であるため、獲物となる動物が多くいる、自然環境が豊かな場所に多い。一部アオダイショウやホンハブなど、主にネズミ類を捕食する種については、それらが多い都市部や住宅地でもその姿を見かけることがある。カエル類はヘビにとってよく利用される餌動物の１つで、カエル類が集まる繁殖池や水田、または側溝の集水桝（しゅうすいます）などにはヘビが集まりやすい。

ヘビがよく見られる環境の特色として、河川や湖沼、水田といった水場の近くや、石垣や堆積物の多い場所などが挙げられる。林道や農地に落ちているトタンや板などの下には、

九州の渓流。カエル類が多く、シマヘビやヤマカガシのような、カエル食のヘビがよく見つかる。標高の高い地点だと、ジムグリやタカチホヘビなども見つかりやすい

ヘビが隠れていることが多い。意外に思われるかもしれないが、日本では深山幽谷よりも里山のような環境の方が、ヘビを見つけやすい。これは、そうした環境の方がカエルやネズミなどの餌となる動物が集まりやすい傾向があるためと考えられる。また、林道などの法面に開いた水抜きパイプは、さまざまなヘビが利用する隠れ家である。

探す方法

　日本のヘビは、ウミヘビ類を除いて基本的に地上性なので、基本は生息地を歩き回って探すことになる。昼行性のヘビなどは人間の接近に敏感で、足音や気配を感じるとすぐに逃げようとするので、あらかじめ出そうな場所に意識を集中させて、頭の中でヘビがいるというシミュレーションを行うことが肝心である。また、ヘビが移動するとき特有の「シュルシュル（もしくはシュー）」という、落ち葉や地面などを擦る音にも敏感になれば、草むらなどに紛れて逃げ

水田はヘビ類が観察しやすい場所の1つだ。ただし、私有地であるため、あらかじめ所有者に了解を取っておく必要がある。またフィールドでは、住民に礼儀よく接し、マナーを守ることが大切である。挨拶を積極的に行うことで、ヘビ探しにアドバイスをもらえることもある

水場がすぐそばにあり、木漏れ日も差し込む林道に現れたヤマカガシ。このような林道にはヘビが特に多い

ヘビ類が多く利用する法面のパイプ。常に日の当たるオープンな場所ではなく、林道の間にある、うっそうとして苔むしたような、やや朽ちた法面の方がヘビに利用されやすい

ヘビは道路上を横断していたり、種によっては車に轢かれた動物を求めて徘徊したりすることも多いので、車でひたすらフィールドを走り回って、道路上に出てきたヘビを見つける探し方もよく行われる（日本では林道流し、英語では road cruising などという）。特に南西諸島では夜間にこの方法で多くのヘビが見つかる。夕立の後などは、道路上にカエルやミミズなどの小動物が多数出てきており、これらを求めてヘビ類も多く姿を現す。ただし、その際の運転はヘビをはじめ、他の生き物を轢かないように慎重を期して、すぐに停止できる速度で探索に臨んでもらいたい。

樹上のヘビを見つけるには慣れが必要だが、夜間であれば懐中電灯で照らすことで腹板が反射して目立つため、比較的見つけやすい。南西諸島ではホンハブなどの毒ヘビも樹上で活動していることが多いので、散策時は頭上にも注意を配る必要がある。

樹上のトカラハブ。樹上性種は夜行性の種も多く、こうして夜間にライトで照らせば、腹板が反射して見つけることができる

ウミヘビ類は、主にシュノーケリングやスキューバダイビングによって海中を探す。探す際にはダイバーグローブやラッシュガードなど、万一咬まれた際にも毒牙が貫通しにくいような厚手の素材（5mm あれば充分）を身につけておくと安心である。エラブウミヘビ属は捕食後や脱皮期間中などに岩礁帯の洞窟や岩場に上陸し、隙間で休んでいることが多く、水中に潜らなくても見つけることができる。

岩場に潜むアオマダラウミヘビ。琉球列島では、海水浴場など観光客の多い場所でもウミヘビ類が現れることがある

フィンにまとわりつくエラブウミヘビ。ウミヘビ類は好奇心旺盛で、このようにダイブ中に寄ってくることがある。慌てずにじっとしておけば離れていく

ヘビの調査・観察に役立つ道具

ヘビは、これといった道具がなくても観察・捕獲ができるが、安全に調査を行い、より詳しくヘビを知るためには、適切な道具の使用も必要だ。ここではその道具と使い方を紹介しよう。

調査時の服装

　調査を安全かつ快適に実施するためには、適切な服装を選ぶことも重要になる。ヘビに限らず野生動物の調査時には、虫刺されや擦り傷、日焼けなどを避けるために、長袖・長ズボンで肌の露出を避けることが望ましい。日中は熱中症予防のためにもつばの広い帽子をかぶると良いだろう。また、急斜面の山や滑りやすい渓流での調査時など、滑落や転倒の恐れがある場所ではヘルメットを着用することも必要になる。急な降雨に備えてレインウェアも携行すると良い。上下で分かれたセパレートタイプが使いやすい。

　足元は、調査地によって変わるが、筆者の場合、山での調査時にはトレッキングシューズ、水辺での調査の場合は長靴を履いている。滑りやすい渓流などではスパイク付きのものを選ぶと滑落などの事故対策になる。なお、靴底の土をつけたままにしておくと病原菌や植物の移入原因にもなるため、異なる場所で調査をする場合は、その都度洗浄や消毒をするのが望ましい。

日中の里山で調査するときの服装の例

夜間の水辺で調査するときの服装の例

ヘビの捕獲

　毒のないヘビは手でつかんで捕獲するのが普通だが、粗雑に扱うと咬まれることもある。捕獲の際には強い力で押さえつけたり握ったりせず、下から優しく持ち上げるようにして扱うと咬まれにくい。また、たとえ無毒のヘビであっても、咬まれると感染症などのリスクがあり、また逆に咬んできたヘビの顎を痛めたりすることもあるため、極力咬まれないように注意すべきである。捕獲の際にはヘビの牙を通しにくい革手袋を用いると良い。また、法面の水抜きパイプなど、狭い穴や隙間の中にいるヘビを取り出す際には、先端を曲げた針金を用いると良い。

　なお、調査で毒ヘビを捕獲、保定する際にはスネークトングやスネークフックを用いる。これらの道具の使用には一定の慣れが必要なため、不用意な使用方法では咬まれるリスクも高くなる。基本的に毒ヘビの捕獲は経験者とともに実施し、かつ本当に必要な場合を除いて避けるべきである。

ヘビの生態調査

　調査時にヘビを捕獲した場合、まず行うのが体温の計測である。体温は温度計のセンサーをヘビの総排出腔に差し込むことで計測する。この際、計測部の近くを手で持つと、調査者の体温が温度計に伝わってしまうため、ヘビを押さえる位置にも注意が必要である。

　また、胃内容物の調査を強制嘔吐法で実施することもある。これはヘビの胃内容物を外部から触診で確認し、それを口元まで指で押し出すことで、食べているものを確かめるという手法である。この際には口元まで出てきた胃内容物を取り出すピンセットや、それを保管するための70%エタノール入り容器などがあると良い。

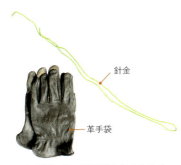

ヘビの捕獲に用いる革手袋と針金（ハンガーを曲げたもの）

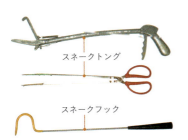

毒ヘビの捕獲に用いる道具類

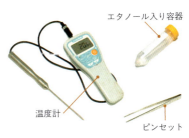

生態調査に用いる温度計、ピンセット、70%エタノール入り容器

ヘビの計測と雌雄判定

ヘビの体長計測にはコンベックスを用いる。ヘビの計測部の両端を持って手で伸ばし、頭胴長と尾長を分けて計測する。体重を測る際にはバネばかりを使うか、デジタルスケールを用いる。また、調査目的によっては頭部をノギスで細かく計測することもある。

雌雄の判定にはいくつか方法があるが、セックスプローブを差し込んで判定する場合は専用の器具が必要になる。ポッピングや目視で判別する場合、特に道具は用いないが、不慣れな場合は判定を誤りやすい。

ヘビの一時保管

調査内容によっては、ヘビを調査拠点や研究室などに持ち帰ることもある。そういった場合、生きたまま持ち運ぶために袋類を用いる。アオダイショウやシマヘビなどの大きめのヘビを持ち運ぶ際には、洗濯ネットを用いることが多い。ただし、ファスナーを閉めるだけでは隙間ができて脱走の原因になるため、口の部分を縛ると良い。通気性が良い反面、乾燥しやすいため、数日間ヘビを保管する場合は定期的に水で濡らすか、ヘビを取り出して水を飲ませると良い。

タカチホヘビやヒメヘビなどの小型で乾燥しやすいヘビの場合は、ビニール袋に湿らせた落ち葉とともに入れ、保管する。口をゆるめに結べば基本的に酸欠にもならない。なお、ジップロックは密閉性が高すぎて酸欠の恐れがあるため、使用しない方が良い。

ヘビの一時保管に用いる袋類。脱走防止のために二重にすることもある

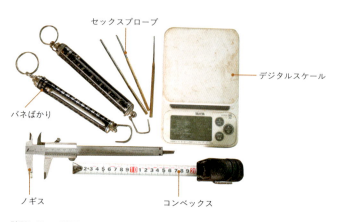

計測に用いる道具類とセックスプローブ

ライト類

　ライトはヘビの調査において非常に重要である。夜間の調査時だけでなく、隙間を覗く用途や遭難時の備えとして、日中も持参すると良い。ライトにはハンドライトとヘッドライトがあるが、筆者は遠く（10〜30 m）や水中のものをスポット的に確認する際に、照射角が狭いハンドライトを用い、比較的近い距離（〜10 m）をまんべんなく照らすのにヘッドライトを用いている。なお、予備バッテリーの持参はもちろんのこと、夜間調査中にライトが壊れることなどを考慮して、予備のライトを持参することが望ましい。

ハンドライト

ヘッドライト

調査に用いるライト類

水中での調査

　ここまで紹介してきたのはすべて陸上での調査に用いる道具類だが、水中での調査の場合、必要な道具や注意点が大きく異なる。例えばウミヘビの調査では、スキンダイビングやスキューバダイビングで調査が実施されることもある。近年ではこういった手法だけでなく、水中ドローンを用いた調査なども模索されている。

スキューバダイビングでクロボシウミヘビを捕獲する研究者

ウミヘビの調査にも用いられる水中ドローン

ヘビの撮影テクニック

自然下でのヘビの姿を記録に残すため、あるいは色彩や鱗など各種の特徴を明瞭に示すためなど、写真はヘビの観察や調査において重要な役割をもつ。ここでは筆者らの撮影機材、撮影時に心掛けていることなどを紹介する。

著者陣の撮影機材

分類学者の機材（福山伊吹）

マクロレンズは撮影対象に近づいて大きく映し出すことができるため、小さい対象物を撮影するのに優れている。ヘビの分類学を行う上では細かい鱗の配置などを記録する必要があるため、マクロレンズを用いた撮影が欠かせない。このような細部の撮影時には、絞りを大きくすることで被写界深度（ピントの合う範囲）を深く、ISOを低くすることで高精細な画像を得る必要があるが、そのためには高い光量が必要になる。曲面状になるヘビの細部の構造にまんべんなく光を当てるためには、2箇所から同時に光を当てられるツインストロボが便利である。

ストロボの光は直で当てても良いが、ソフトボックスなどのディフューザーでストロボの光を拡散させれば陰の部分にも光を回すことができ、細部までよりはっきりと描写することができる。

サキシママダラの頭部を撮影中の筆者。ストロボにソフトボックスをつけ、光を拡散させている

撮影例・サキシマアオヘビの体鱗。焦点距離：35 mm、シャッター速度：1／160、絞り：f13、ISO：160

カメラ：一眼レフカメラ（Canon EOS90D）
レンズ：マクロレンズ
（Canon EF-S35mm F2.8 マクロ IS STM）
ストロボ：ツインフラッシュ
（LAOWA Macro Twin Flash KX-800）

フィールドでも便利な小型軽量機材（田原）

　フィールドでは主に広角、標本写真やスタジオ写真ではマクロ、基本的にこの2本のレンズのみで撮影している。フラッシュは2つ使用し、カメラに繋いだものに加え、もう1つの外部フラッシュをスレーブ機能で同調させ、手に持って光源を決めている。ディフューザーは適当な大きさの白い布を被せている。

タイワンハブを撮影中の筆者。毒ヘビの撮影の際には充分に安全な距離をとる必要がある

撮影例・森林とニホンマムシ。焦点距離：9 mm、シャッター速度：1／15、絞り：f9.0、ISO：250

カメラ：ミラーレス一眼
(OLYMPUS OM-D E-M1 Mark II)
レンズ：超広角ズームレンズ
(OLYMPUS M.ZUIKO DIGITAL ED 9-18mm F4.0-5.6)
マクロレンズ
(OLYMPUS M.ZUIKO DIGITAL ED 30mm F3.5 Macro)
ストロボ：外部フラッシュ
(OLYMPUS FL-36R、FL-LM3)

日中の自然な姿を撮影する望遠機材（福山亮部）

　警戒していない、自然なヘビの姿を撮影するためには、遠くからの望遠レンズ撮影が効果的だ。樹上や田んぼの中など、近づけない所にいるヘビの撮影にも役立つ。望遠レンズではボケやすくなるため、顔などのパーツを際立たせることもできる。

望遠レンズを使用する筆者。カメラを持つ腕を膝や地面に固定すると手ぶれを抑えられる

撮影例・ヤマカガシの顔。焦点距離：400 mm、シャッター速度：1／30、絞り：f8.0、ISO：640

カメラ：ミラーレス一眼（Sony α7RIII）
レンズ：望遠レンズ（Sigma 100-400mm F5-6.3 DG DN OS）

野外写真

ヘビの自然な姿を撮るのは難しい。我々がヘビに気付いたときは、たいていの場合ヘビも人間の存在に気付いているからだ。そのため、野外でヘビを撮影するときはほとんどの場合、一時的に捕獲した後に保定して撮影することになる。もちろん、ヘビに気付かれずに撮影が成功する場合もある。クサリヘビ科などは待ち伏せ型の捕食行動をとることが多く、あらかじめ出現しやすそうな場所を想定して、赤色のライト（ヘビに気付かれにくい）などを使って静かに散策すると、とぐろを巻いて獲物を待ち伏せる自然な姿を撮影することができる。また、昼行性種も早朝に日光浴をしているときはじっとしていることが多く、遠くから望遠レンズなどで撮影すれば自然な姿を撮ることができる。何度も同じフィールドに通うことで、自ずとヘビの出やすいポイントが把握できてくるため、じっくりと1箇所に通い続けることも、良いフィールド写真を撮る秘訣といえる。ウミヘビ類に関しては、遊泳中は人間を気にしないことが多く、触ったりしなければ逃げることは少ないため、自然な姿が撮影しやすい。

一時捕獲してからの撮影は、できるだけヘビにストレスをかけず、かつ自然に近い姿で撮影を行いたい。ヘビを捕獲した場所で自然なとぐろを巻かせることができれば、ヘビの姿とその種がいた環境の記録になる。

道路を横断するシマヘビの黒化型個体。3mほど離れているが、すぐにこちらに気付き、次の瞬間に体を反転させて逃げ出した

待ち伏せをするニホンマムシ。熱を感じるピット器官を持つため、こちらに気付いている可能性はあるが、発見時と同じ姿勢のまま撮影することができた

珊瑚礁で活動するエラブウミヘビ。潜水し、1mほどの距離で撮影したが、ウミヘビはこちらを気にする様子はなかった

ポージング

　ヘビは、自然な状態では伸びているか、とぐろを巻いているものである。伸びている姿を撮るとヘビの動きが表現できるので躍動感があり、全体を隈なく写せるため、色や模様などがわかりやすい。とぐろを巻かせる場合は事前にできるだけその種の自然な姿を観察しておこう。ヘビが自らしないような、人の手で無理に丸めた胴体の巻き方などは、ヘビを見慣れた人にとっては非常に不自然に見える。とぐろを巻かせる際は、無毒種ならば手で直接行えるが、桶やプラケースなどを使ってヘビを覆ってやると、多少時間はかかるが落ち着く場合もある。毒ヘビはもちろん素手では触れないので、おおむね後者のやり方で行う。

頭を胴の上に上げ、自然なとぐろを巻かせてある。尾先も写り込むように調整している

頭が下になり、尾部が胴体を覆ってしまっている。ただし、種によっては防御姿勢でこのように頭を胴部の下に隠す場合もある

頭を持ち上げているが、不自然に頸部や胴体に胴部が載ってしまっている。また尾先も見切れている

日の丸構図と片寄構図

　図鑑などには、ヘビそのものを真ん中に持ってくる、いわゆる「日の丸構図」が重宝される。写真の中心に撮影対象を配置することで、被写体であるヘビがよく目立つからだ。その一方で、上下左右のいずれか一方にヘビを配置し、できるだけ環境を写し込む「片寄構図」も、自然写真の世界では流行っている。1つの写真としてのデザイン性を発揮できたり、環境をより多く写し込んだりすることで、ヘビの物語性を強調できる構図といえよう。書籍やHPなどでも余白部分に文章を入れることができるため、あえてヘビを片方に寄せる構図で撮影する場合もある。

ヘビを中央に配置し、全体が写るようやや見下ろす構図で撮影したアオダイショウ

ヘビを右端に寄せ左の渓流を写し込み、ややあおりの構図で撮影した写真

被写界深度

　被写界深度は写真内でピントが合って見える範囲のことで、F値（絞り値）を上げると深度の深い写真になる。環境全体を写し込んだ写真を撮りたいときはF値を上げて撮影する。逆に顔やヘビだけにフォーカスしたい場合はF値を下げ、周囲をボケさせる。環境がわかりにくくなるが、ヘビそのものを引き立てる背景として機能するようになる。

F値3.5で撮影したヤマカガシ。ほぼヘビの顔のみにピントが合っているため、背景を含め全体的にボケが効き、絵画的な写真となる

F値18で撮影した写真。左と同じ構図だが、ヘビの周りにもピントが合い、背景もボケが少なく環境がわかる生態写真的なものとなる

ライティング

　ヘビを美しく撮るには、ライティングも重要だ。ヘビの鱗は光を反射することも多く、ライティングによってはせっかくの美しい模様や色彩が充分に発揮されない場合も多い。また、カメラに直接ストロボをつけて正面から光を当てると、陰影の少ない写真になるため、立体感に乏しくおもしろみのない写真になりがちである。ワイヤレスストロボで横から光を当てたり、複数のストロボで照らしたりすることで、独自の世界観を持つ写真が撮影できることがある。また、ストロボは夜間だけでなく昼間の撮影においても、ヘビを際立たせることができるため、使いこなせれば非常に有用である。事前に環境光の向きや強さに合わせて撮影設定を予習しておくと、ヘビ発見時にライティングを調整する手間が省ける。

カメラのレンズとほぼ平行に光を当てたシロマダラの写真。模様などははっきり映るが、全体的に平面的な印象を受ける

レンズの左右から光を当てた場合。ほぼ同じ構図だが、印象がかなり異なる。ヘビだけでなく周囲の苔などにも立体感が出る

白背景

　白背景写真は、多くの図鑑や書籍、Webサイトなどで使用されている。背景がないことでヘビそのものの特徴をよりはっきりと見せることができるほか、ビジュアル的にもすっきりした印象になる。

　白背景写真には、カメラの他にいくつか道具を用いる。最も重要なのが、ヘビの下に敷く背景だろう。背景には基本的に、白くてきめ細かく、反射の少ない素材を用いることが多い。反射が強いとヘビ自身が反射して写り込んでしまうことがあるため、影を残す場合にはデメリットとなる。

　筆者の場合、大きめのヘビの場合は通販などで購入できるPVC製の白背景シート、小さめのヘビの場合は厚手のマット紙を用いている。PVCシートは液体や糞などで汚れても拭き取れるため、利便性が高い。

白背景写真に用いる道具類

光源

　白背景写真ではF値を上げることで全体にピントを合わせ、ISOを低くすることで高精細な写真を目指すが、そのためには強い光が必要になる。そのため、LEDライトや自然光よりも強い光を安定して出せるストロボを用いて撮影することが多い。そして、光を当てる際にはヘビの体全体に均一に光を当てると良い。そのために用いるのがソフトボックスなどのディフューザーだ。なお、ディフューザーを使う際には、基本的に撮影対象よりも大きな面のものを、なるべくヘビに近づけて用いると良い。全体にやわらかい光を当てられれば、編集時の手間も減少する。天井がある部屋での撮影時は、上にストロボで強い光を当てて拡散させる天井バウンスでも、良い仕上がりになる。

縦25cm、横30cm程度のソフトボックスをストロボに付けて撮影した130cmほどのハブ。全身に光を当てるためにディフューザーを離していることで、コントラストの強い質感になっている

同じソフトボックスで撮影した40cmほどのジムグリ。ディフューザーを近づけて撮影しても全体に光が回るため、マットな質感になっている

ポージング

 白背景写真では、ヘビのポーズや撮影時の構図も重要になる。目的によって目指すべき形は変わってくるが、ある程度ヘビが丸まっている方が、一目で特徴のわかる写真になりやすい。基本的に心がけるのは「顔」、「胴体の模様」、「尾の先端」が見えることである。それに加え、各種によって変わってくる種の特徴（ヒバカリ属の首の模様、ウミヘビの尾など）がしっかり写ることを目指している。ポージングの際は、手で丸めたりすることもあるが、たらいやタッパーなどを被せて落ち着かせることも多い。いったんヘビが静止したら、棒で尾の位置を調整するなどして、理想のポーズに近づけると良いだろう。丸まり過ぎていると躍動感がなくなるため、適度にゆるいとぐろになるのが理想系だ。なお、調査の過程で持ち帰ってから室内で撮影することも多いが、毒ヘビの場合や持ち帰る必要性がない場合などでは、野外に背景シートを置いて撮影することも少なくない。また、標本の作成時には麻酔をかけた後にヘビの背面と腹面を撮影したり、全身が写るように丸めて撮影したりすることもある。

横顔や尾がしっかりと写り、ゆったりとした姿勢をとった理想的なポーズの1例

尾を体の下に入れてしまい、かつ縮こまり過ぎている微妙なポーズ

撮影設定と構図

 白背景写真で重要なのは、「撮影対象の全体の特徴がわかること」であり、そのためにはF値を上げることで全域にピントを合わせる必要がある。しかし、F値を上げすぎると画質が低下する（回折現象）ため、高精細な写真を撮るためにはある程度までに留めておく必要がある。また、上限までF値を上げても必要な被写界深度が得られないことも多々ある。

トリミング前提で撮影した写真

1つの解決策は、対象を小さめに撮影し、トリミングするという方法である。撮影対象から距離を取り小さく写せば、対象の相対的な奥行きが狭くなるため、より広範囲にピントが合うようになる。また、通常の使用目的の場合なら、大幅にトリミングしたとしても充分な解像度が確保できる。例えば2400万画素の写真を一般的な解像度（350dpi）で印刷する場合は、A3判いっぱいに印刷できる程度の余裕がある。本書に使用している白背景写真くらいのサイズであれば、相当トリミングしたとしても充分な解像度を確保できることになる。撮影機材によって条件は変わるため一概にはいえないが、筆者がフルサイズのカメラで撮影する場合は、SS1/200、F16、ISO200くらいの設定で撮影することが多い。

現像し、トリミングした写真

さらにトリミングした写真。これほどトリミングしても、充分使用可能な画質になる

編集

白背景写真の撮影時、最初から背景を白飛ばししようとすると、ヘビの体自身も白飛びしてしまうことがある。そのため、基本的にはやや暗めに撮影し、編集で背景を暗くすることで、適切な明るさの白背景写真にすることができる。筆者はAdobeのLightroomかPhotoshopで編集することが多いが、GIMPのようなフリーソフトでも編集可能である。Lightroomの場合、ヘビの明るさを適切な明るさまで調整した後、マスクのブラシで背景のみを塗って白飛ばしすると良い仕上がりになる。Photoshopの場合はトーンカーブやレベル補正で「白色点を設定スポイトツール」を用いると、任意の場所を白飛ばしすることができる。

Lightroomでの編集画面。マスク機能は背景のみを明るくし、白飛ばしするのに便利である

ヘビに関わる法律

野外でヘビを探す際には、その地域や対象種に対して、どのような法的規制が存在しているのかを事前に確認しておくことが必須である。ここでは、日本のヘビに関わる法律について紹介する。

天然記念物

文化財保護法や各地方自治体の文化財保護条例に基づき指定される、動物・植物・地質・鉱物などの自然物に関する記念物で、文化庁や各自治体の教育委員会が管轄する。天然記念物は現状変更が禁止されていることから、指定されている動植物を許可なく捕獲することはもちろん、触れるだけでも罰則対象となる。ヘビ類に関わるものとしては以下が挙げられる。

指定区分	名称	指定年
国指定天然記念物	岩国のシロヘビ	1924年（1972年指定替え）
国指定天然記念物	男女群島※	1969年
沖縄県指定天然記念物	キクザトサワヘビ	1985年

※島嶼に対する指定であり、ヘビ自体が指定されているわけではないが、当地のみに生息しているダンジョヒバカリの捕獲などは、現状変更に当たるものとされる

国内希少野生動植物種

「絶滅のおそれのある野生動植物の種の保存に関する法律（種の保存法）」に基づき指定される、国内に生息・生育する絶滅のおそれのある野生動植物の種。販売・頒布目的の陳列・広告、譲渡、捕獲・採取、殺傷・損傷、輸出入などが原則として禁止されている。また、国内希少野生動植物種の生息・生育環境の保全を図る必要があると認める場合は、「生息地等保護区」が指定されることがある。生息地等保護区は、管理地区と監視地区に分けられ、それぞれの地区内では、開発行為などが規制される。ヘビ類に関わるものとしては以下が挙げられる。

指定区分	種名・名称	指定年
国内希少野生動植物種	キクザトサワヘビ	1995年
国内希少野生動植物種	ミヤコヒバァ	2020年
生息地等保護区	宇江城岳キクザトサワヘビ生息地保護区（沖縄県島尻郡久米島町）	1969年
生息地等保護区	アーラ岳キクザトサワヘビ生息地保護区（沖縄県島尻郡久米島町）	2021年

各自治体が定める保全種・希少野生動植物種など

都道府県や市・町の定める自然環境保全条例および野生動植物保護条例の中で指定された種。捕獲・殺傷または採取・損傷などが禁止され、違反した者は罰則対象となる。学術研究上から捕獲などを行う場合は、市長や町長など行政監督者へ届け出て承認を得なければならない。また、保全種の保護を目的として、保護地区などが設定されている場合もある。ヘビ類では以下が指定されている。

条例名称	対象種
久米島町野生動植物保護条例	久米島町に自然に分布・飛来するまたはその可能性のある動物[※1]
宮古島市自然環境保全条例	ミヤコヒバァ、サキシママダラ、サキシマバイカダ、ヒメヘビ（ミヤコヒメヘビ）、サキシマアオヘビ[※2]
石垣市自然環境保全条例	ヤエヤマタカチホヘビ（ヤエヤマタカチホ）、イワサキワモンベニヘビ
竹富町自然環境保護条例[※3]	イワサキセダカヘビ、ヤエヤマタカチホヘビ（ヤエヤマタカチホ）、サキシマアオヘビ、サキシマバイカダ、サキシマスジオ、サキシママダラ、イワサキワモンベニヘビ

[※1] 久米島町に分布する在来のヘビ類全種が該当すると思われる
[※2] サキシマアオヘビは、実際には宮古島市に分布していないとされる
[※3] ヘビ類はすべて希少野生動植物として指定されており、希少野生動植物の捕獲などが規制されているのは、希少野生動植物保護区の区域内のみに限定される

その他

上記のように種レベルで保全されていなくても、国立公園や国定公園の特別保護区域では、すべての動物の捕獲が規制されているほか、都市公園などでも動植物の採集などに関するルールを制定している場合がある。ヘビの観察や調査を行う場合には、各自治体や調査地におけるルールをあらかじめ調べたうえで、フィールドに出ることが鉄則である。

特定外来生物

「特定外来生物による生態系等に係る被害の防止に関する法律（外来生物法）」に基づき、外来生物（海外起源の外来種）において、生態系、人の生命・身体、農林水産業へ被害をおよぼすもの、またはおよぼすおそれがあるものの中から指定される。原則として飼育・栽培・保管・運搬・輸入・販売・譲渡・野外に放つことなどが禁止されている。なおこの法律は生きている状態にのみ適用される。日本に定着している外来のヘビ類では、タイワンスジオ *Elaphe taeniura friesi* とタイワンハブ *Protobothrops mucrosquamatus* が指定されている。

特定動物

「動物の愛護及び管理に関する法律（動物愛護管理法）」の規定に基づいて、人の生命、身体または財産に害を加える恐れがあるものとして環境省で定められた動物で、無許可で飼養または保管を行った場合には罰則対象となる。日本のヘビ類ではナミヘビ科のヤマカガシ、マムシ属やハブ属などのクサリヘビ科全種（特定外来生物に指定されているタイワンハブは除く）とワモンベニヘビ属やウミヘビ属などのコブラ科全種が該当する。

国指定天然記念物である岩国のシロヘビ

国内希少野生動植物種および宮古島市自然環境保全条例保全種として保護されるミヤコヒバァ

絶滅危惧種

日本のヘビには絶滅が危惧されている種が少なからず含まれている。ここでは、環境省のレッドリストをベースに、絶滅が危惧されている種と、そのカテゴリーを紹介する。

　環境省では、日本に生息または生育する野生生物について、個々の種の絶滅の危険度を評価し、レッドリスト（絶滅のおそれのある野生生物の種のリスト）として取りまとめている。最新の環境省レッドリスト2020では、20種のヘビ類が掲載されており、それらのほとんどは琉球列島のみに分布する種である。これらの種の多くは限られた小さな島嶼のみに分布し、そもそもの分布域が狭い上に、生息環境の悪化や侵略的な外来種の侵入などの要因で存続が脅かされている。中でも最も絶滅の危険度が高いとして評価されているのが、キクザトサワヘビで、絶滅危惧IA類（ごく近い将来における野生での絶滅の危険性が極めて高いもの）に選定されている。本種は沖縄諸島の久米島のみに分布し、淡水性であるために水質汚濁等の影響も受けやすい。これに次ぐ絶滅危惧IB類には、ミヤコヒメヘビ、シュウダ、ヨナグニシュウダ、ミヤコヒバァと、いずれも先島諸島や尖閣諸島のごく一部の島のみに分布する種が選定されている。長崎県の男女群島のみに分布するダンジョヒバカリは、分布域が3km^{2}足らずの１島に局限されているが、これまで充分な調査が行われておらず、生息状況などについても不明点が多いため、情報不足に選定されている。また、レッドリストでは種・亜種レベルでの評価以外にも、地域的に孤立している個体群で絶滅のおそれが高い個体群を、「絶滅のおそれのある地域個体群」として選定しており、ヘビ類では宮古諸島のサキシママダラが唯一選定されている。レッドリストには、環境省が取りまとめているもの以外にも、各都道府県が出しているものや、国際自然保護連合（IUCN）が作成したも

絶滅危惧IA類に選定され、日本のヘビで最も絶滅が危惧されるキクザトサワヘビ

宮古諸島のみに分布し、絶滅危惧IB類に選定されているミヤコヒメヘビ

のがあり、それぞれ、都道府県レベルや世界規模での絶滅の危険度について取りまとめられている。日本の主要四島（北海道・本州・四国・九州）に分布するヘビ類には、環境省やIUCNのレッドリストで絶滅危惧種や準絶滅危惧種に選定されている種は存在しないが、これらの種も都道府県レベルでは絶滅危惧種に選定されていることも少なくない。例えば、東京都のレッドリスト（東京都の保護上重要な野生生物種（本土部）2020年見直し版）には、東京都に分布するすべての在来のヘビ類8種が掲載されている。準絶滅危惧種に選定されているアオダイショウ以外は、すべての種が絶滅危惧II類以上のランクに選定され、中でもニホンマムシは絶滅危惧IB類に選定されており、近い将来での絶滅が危惧されている。

絶滅のおそれのある地域個体群に選定されている宮古諸島のサキシママダラ

東京都のレッドリストで絶滅危惧IB類に選定されているニホンマムシ

環境省レッドリストに掲載されている日本のヘビ類

カテゴリー	絶滅の危険度の評価	掲載種
絶滅危惧IA類（CR）	ごく近い将来における野生での絶滅の危険性が極めて高いもの	キクザトサワヘビ
絶滅危惧IB類（EN）	IA類ほどではないが、近い将来における野生での絶滅の危険性が高いもの	ミヤコヒメヘビ、シュウダ、ヨナグニシュウダ、ミヤコヒバァ
絶滅危惧II類（VU）	絶滅の危険が増大している種	ミヤラヒメヘビ、サキシマスジオ、ヤエヤマタカチホ、イイジマウミヘビ、ヒロオウミヘビ、エラブウミヘビ、イワサキワモンベニヘビ
準絶滅危惧（NT）	現時点での絶滅危険度は小さいが、生息条件の変化によっては「絶滅危惧」に移行する可能性のある種	アカマダラ、サキシマバイカダ、イワサキセダカヘビ、アマミタカチホ、ハイ、ヒャン、トカラハブ
情報不足（DD）	評価するだけの情報が不足している種	ダンジョヒバカリ
絶滅のおそれのある地域個体群（LP）	地域的に孤立している個体群で、絶滅のおそれが高いもの	宮古諸島のサキシママダラ

毒ヘビとは

日本にはヘビの有毒種は多くないが、ナミヘビ科・コブラ科・クサリヘビ科と、それぞれの分類群の毒ヘビが生息している。ここでは、毒ヘビに関する基本的な情報を紹介する。

毒ヘビの定義では「人にとって危険か否か」が重要視されるため、例えば海外の書籍などでは毒性の強さで「Highly venomous snake（強毒ヘビ）」「Mildly venomous snake（弱毒ヘビ）」「Non-venomous snake（無毒ヘビ）」と表記されることが多い。それに加え、有毒種であっても毒性が弱く、人体にほとんど影響をおよぼさないものや、ヘビ自体が小さく人間に咬みつけないもの、攻撃性がほとんどない種に関しては「Harmless snake（無害なヘビ）」とされるものも多い。小型のヒャンやハイ、ほぼ無毒とされるイイジマウミヘビなどがそれにあたるだろう。ただし、体調やアナフィラキシーなどのアレルギー反応によっては弱毒種においても重篤な症状が現れる場合もあるため、どのヘビでも扱う場合は油断せず、何よりヘビには咬まれないことが肝心である。

このように特別危険視する必要のない毒ヘビというものも存在するが、一般的には毒腺を持ち、効率よく毒を相手に注入できる毒牙を持つヘビが毒ヘビと定義される。毒ヘビは毒牙や頭骨の構造によって、管牙類・前牙類・後牙類の3つに大別されるのが一般的である。毒ヘビの毒性はその作用によって出血毒・神経毒・細胞毒・血液凝固を阻害する毒などが知られ、ほとんどの種において複合的な毒成分を持ち、その成分比率によって毒性が一般化されているに過ぎない。

頭骨に基づく毒ヘビの分類

● 管牙類：クサリヘビ科・モールヴァイパー科

・出血毒が主であるが、ニホンマムシでは神経毒、ツシママムシでは血液凝固を促進する毒が強く作用する場合もある。

・毒牙は非常に大きく、注射器状に

ホンハブの骨格標本。いかにホンハブが大きい毒牙を持っているかがわかる

ニホンマムシの毒牙。毒牙は定期的に抜け替わるため、写真のように複数本持っている場合もある

なった構造を持つ。
- 毒牙は口内では前方に位置し、短い上顎骨と一体となっている。毒牙は長く、そのままでは邪魔になるため、通常は口内に折りたたまれて収納されている。攻撃の際には上顎骨を動かし、蝶番式に毒牙を前方に繰り出す。この毒牙と上顎骨は可動性が高く、獲物を飲み込む際などには左右に交互に動かしながら飲み込むことができる。毒腺を圧迫する筋肉が発達しており、咬みついた際には瞬時に多量の毒を注入することができる。

● **前牙類：コブラ科**
- 神経毒が主であるがウミヘビ属では細胞毒、また日本には分布していないがオーストラリアなどに分布する陸性のウミヘビ亜科では血液凝固を阻害する毒、フードコブラ属 *Naja* では出血毒が強く作用する場合も多い。
- 毒牙は小さく、溝がつながって管状になった構造をしている。牙の表面に溝の痕跡が見られるため「溝牙類」と呼ばれることもあるが、後述する後牙類と紛らわしいため本書では前牙類と呼称する。

- 毒牙は口内では前方に位置し、やや長い上顎骨の前端部に位置している。ほぼ直立し、固定的で可動性はほとんどない。毒牙は毒腺と連結する。毒腺は大きく、一部の海外産種では毒腺を圧する。筋肉がより発達し毒液を外敵に対して噴射できる。

● **後牙類：ナミヘビ科**
- 血液凝固を阻害する毒と神経毒が主であるが、咬傷場所の腫脹を引き起こしたりする出血毒が作用する場合も多い。
- 毒牙は他の歯に対してやや大きく、毒牙の表面には毒が流れやすくなるための溝がある種が多い。この構造のため「溝牙類」とも呼ばれることがあるがヤマカガシのように溝がない種もいるため後牙類と呼ぶ方が的確である。
- 毒牙は比較的長い上顎骨の後方にあるため、眼下かそれより後方に位置することが多い。上顎骨に固定されているため可動性はない。デュベルノワ腺というナミヘビ科特有の毒腺を持つが、毒牙と連結していないため毒は毒牙周囲に染み出すように分泌される。

アオマダラウミヘビの毒牙。コブラ科の毒牙は非常に小さい

ヤマカガシは頸部にも毒腺を持ち、皮膚が破れると毒液が飛び散る

ヤマカガシの後牙。上顎骨の後方に固定されている

毒ヘビ咬傷の予防と対処法

フィールドで活動するにあたり、毒ヘビに咬まれないための予防法と、万が一咬まれてしまったときの対処法について、ここでは、近年の事故や症例などをふまえて解説していく。

咬傷の予防

ヤマカガシ

ヤマカガシ咬傷は、ほとんどすべての場合、自ら手を出した際に起きている。ただしヤマカガシの場合は、牙が2mmほどと短く、軍手などをしていれば咬まれても毒は注入されない（下写真）。

ヤマカガシは数十秒、ときには10分も咬みついているケースがある。長く咬みついていると毒が入り、重症化する危険が高くなるので、上あごに指をかけて口を開けて引き離す。

頸腺毒による被害もときどき起きている。ヘビを殺そうとして棒で叩いたりしたときに、頸部の毒腺が破れ、毒が飛び散って眼に入る事故が起きている。この頸腺毒は皮膚についてもほとんど害はなく、野外調査などでヤマカガシを捕獲する場合はメガネなどをすれば被害は防げる。ただし、イヌやネコがヤマカガシに噛みつくことがあり、頸腺の毒が口に入ると嘔吐を引き起こす。河川付近でイヌの散歩などをする際には注意が必要である。

マムシ類

マムシ（ニホンマムシ、ツシママムシ）による咬傷は、そのほとんどが手の指か、足ではくるぶしより下の受傷である。足は、スニーカーなどの足首までカバーしていない靴であっても、咬まれて毒が入ることはほとんどない。長ズボンをはいていれば靴より上の部分がカバーされるので、毒が注入されることはほとんどない。

夏の夜は、河原などでキャンプをしているときにマムシに咬まれる事故が起きている。河川付近では、先述したイヌの散歩時に足を咬まれるケースをはじめ、イヌやネコが咬まれるケースも珍しくない。

また、郊外では家の庭などに出てくることもあるが、行動範囲はあまり広くないため、追い払うだけでは、再度出てきたマムシに咬まれる危険がある。処分せざるを得ない場合は、スネークトングで捕獲し、フタがロックできるポリバケツなどに入れて、人家からかなり離れた場所に放すか、殺処分する。攻撃の距離は30cmほどなので、30cm以上あるトングで、頭

ヤマカガシの後牙

の方ではなく体の中央部をつかめば容易に捕獲できる。

家の庭で咬まれる事故は毎年起きているため、夜は明かりがつくようにして、マムシが確認できるようにすることでかなり防ぐことができる。

ハブ類
ハブ類5種による咬傷は、草刈りを含め農作業時の発生が多い。郊外では家の周りにも生息しているため、敷地内に侵入してきたハブに咬まれる事故も比較的多い。マムシによる咬傷は7～8月（西日本は9月も）に多いのに対し、ホンハブによる咬傷の発生は二峰性を示し、5～6月と9～11月が多くなる。これは暑い時期、昼間はハブの活動が低下すると同時に、農作業など人間の活動も低下するためだと考えられる。そのほか、道路での咬傷も多く、時間は夕方に発生しているため、足元に注意するだけでなく、道路脇の草むらから少し離れて歩くなどの注意が必要である。

ハブ咬傷もマムシ咬傷と同様、手の指の受傷が多いが、ハブは大きく攻撃距離が長いため、前腕までの受傷も多い。また、マムシでは足首までの受傷がほとんどなのに対し、ハブでは下腿部の受傷も多い。対策としてはヘビ用のプロテクターが販売されていて、膝下までは保護することができる。古い家では家屋内まで侵入して来ることがあるため注意が必要である。

鹿児島県では、ハブ駆除のために1匹3000円（以前は5000円）で買い取っている。多いときには年間3万匹、現在でも1万匹ほどが保健所に持ち込まれるという。しかし、夜間でないとなかなか捕獲できないため、捕獲時の事故が起きている。

咬傷時の対処法
ヤマカガシ
ヤマカガシに数秒以上咬まれた場合は、病院で数時間おきに血液検査をすれば診断可能である。痛みや腫れがないため、歯茎などからの出血に気が付いて来院するケースがあるが、そのような症例では、すでにフィブリノゲンは顕著に減少しているため抗毒素の投与（点滴静注）が急がれる。

頸腺の毒による被害は少ないが、毒液が眼に入ると痛みや炎症を引き起こす。そのようなときはすぐに水で洗眼し、眼科でのステロイド点眼薬などによる治療で回復する。

マムシ類
マムシ咬傷では、毒が入ればほとんどの場合腫れが出現するため診断しやすいが、ヘビを確認していないと虫刺されと間違われることがある。マムシの場合はチクッとした痛みしかないこともあるため、特に夜には、ヘビを確認できない場合もしばしばある。しかし、野外で何かに咬まれて腫れてくれば、マムシ咬傷の可能性が高い。わずかでも症状が見られれば病院での経過観察が不可欠である。症状があるのに軽いと診断して帰宅させることが重症化の原因の1

つとなっている。

マムシ咬傷は年間3000件以上発生していると推定されるが、死亡数は5名前後で死亡率は低い（表1）。ただし、死亡者のほとんどは70歳以上なので、高齢者は悪化しやすいと思われる（表2）。抗毒素の使用は患者の50％ほどで、抗毒素使用数から推定すると、重症例は多いと思われる。重症化すると急性腎不全を起こすが、早期の抗毒素投与で急性腎不全への進行をかなり防ぐことができる。

ニホンマムシ毒にもわずかに神経毒が含まれている。症状としては複視や斜視程度で、麻痺などの神経症状は見られないが、重症化の危険があり、抗毒素投与の対象となる。

ニホンマムシ咬傷では血小板減少型といわれるタイプがある。ニホンマムシ毒には血小板凝集作用があり、咬まれたときに直接血管に毒が注入された場合、毒の血小板凝集作用が急激に進み、出血傾向が出現する。その他、溶血による赤血球の減少、横紋筋融解による急性腎不全、カリウムの上昇による心不全などが引き起こされることもあり、2～3日で死に至ることがある。逆に早急に抗毒素を投与すれば、血中の毒は短時間で中和されるため回復は早い。

もう1つ、死亡の原因となるのが大腸の穿孔（穴が開くこと）である。マムシ咬傷で死亡してもほとんど解剖されることはないが、死亡例の解剖結果から、大腸の穿孔が死亡原因の1つであることが報告された。大腸穿孔は緊急手術をしなければ死亡に直結する。

マムシ咬傷では、局所の壊死はほとんど見られないが、指の腫れが強い症例では、コンパートメント症候群（内部の圧が上昇して循環障害を起こし、筋や神経の機能障害を生じること）により壊死を起こす危険があるため、減張切開（圧力を下げるための切開）が必要な場合がある。

治療において問題となるのが、抗毒素を使うかどうか、また、いつ投与すればよいかである。血小板減少型は別として、マムシに咬まれても短時間で悪化することはあまりない。そのため、経過観察して腫れの広が

有毒動物＼年	2014	2015	2016	2017	2018	2019	2020	2021	2022	2023	合計
ヘビ　マムシ	4	4	4	1	2	5	3	4	9	2	7	42
ハブ類	1	(ヒメハブ)※									1
ヤマカガシ							1				1
ハチ	14	23	19	13	12	11	13	15	20	21	161
ムカデ		1		1		1	1	1	1		6
有毒節足動物							1				1
有毒海生動物											0
不明		1		1						1	3
合計	20	29	23	16	14	17	20	25	22	29	215

表1　国内における有毒生物による死亡者数（人口動態統計より）
ヤマカガシによる死亡は1978、1982、1984、2006、2020年に発生
※ヒメハブによる死亡は、毒によるアナフィラキシーショック

年齢	2014	2015	2016	2017	2018	2019	2020	2021	2022	2023	合計（％）
0〜69											0
70〜79	2	2	2		1	1	1		1		10（23.8）
80〜89	2	1	2	1		1	1	6		5	19（45.2）
90〜94		1			1	3	2	3	1	2	13（30.9）
合計	4	4	4	1	2	5	4	9	2	7	42

表2　国内におけるマムシ咬傷による死亡者

りと血液検査データの変化から判断しなければならないが、受傷後数時間では重症化するかどうかの判断ができないことが多い。腫れの広がりで判断する場合は、グレードⅢ（表3）になるようであれば投与する場合が多い。特に足の咬傷では、しばしば後遺症（長時間立っていられないなど）が見られるため、早めに抗毒素を投与して、腫れの広がりや組織の損傷をできるだけ抑えることが望ましい。

グレードⅠ	受傷局所のみの腫脹
グレードⅡ	手首または足首までの腫脹
グレードⅢ	肘または膝関節までの腫脹
グレードⅣ	一肢全体におよぶ腫脹
グレードⅤ	一肢を超える腫脹、または全身症状を伴うもの

表3　マムシ咬傷のグレード分類

毒ヘビの牙

　ツシママムシ毒はニホンマムシ毒よりも弱いため重症化することは少ないが、高齢者では重症化することもあるため、抗毒素による治療が必要な場合もある。

ハブ類

　ハブ類による咬傷の多くはホンハブによるものだが、現在では死亡事故は起きていない。これは、交通の発達により医療機関まで短時間で行けるようになったことと、抗毒素による治療の成果である。ホンハブ毒の致死活性は、ニホンマムシ毒の1/2ほどだが、持っている毒量は5〜10倍と非常に多い。また、マムシの牙が5mmほどで、おそらく刺さるのは2〜3mmほどと考えられるが、ホンハブの牙は1〜2cmもあり（右上写真）、毒が深く注入される。そのため、市販の吸引器で吸引してもあまり効果は期待できない。毒の壊死作用とコンパートメント症候群により血流が阻害され、壊死が引き起こされる。抗毒素の早期投与と減張切開（筋膜切開）により筋膜内の圧力を下げることが不可欠である。受傷6時間以内に筋膜切開を行うことで、かなり壊死を防げることがわかっている。

　ヒメハブ、サキシマハブ咬傷も主な症状は腫脹であり、抗毒素は製造されていないが、重症化することはほとんどない。トカラハブ咬傷では重症化しないにもかかわらず嘔吐と下痢が頻発するため、特に高齢者では輸液による管理が必要である。

用語解説

一般になじみがないと思われるヘビの分類、色彩変異、毒性、生態などに関わる用語で、よく目にするものをここで解説する。形態に関する用語は「ヘビの形態」（p. 20〜）を参照してほしい。

新種記載

これまでに学名がつけられたことがないと考えられる動物が発見された場合、新たに記載論文という論文を出版して、学名を提唱することができる。この新種記載論文では、新たな学名を示すとともに、タイプ標本の指定、種の特徴や近似種との違いなどについて詳細に記述する。動物の新種記載の場合、国際動物命名規約という、命名するうえでの国際的なルールがあり、これに則っていない場合は無効な名前となってしまう。このような論文を出版することを、「新種を記載する」といい、単に記載ということもある。例えば、1901年にStejnegerによって、新種記載論文が出版されたミヤコヒメヘビの場合、「1901年にStejnegerによって記載されたミヤコヒメヘビは〜」のように使うことができる。種だけではなく、新属や新亜種などの場合も同様に、新属記載、新亜種記載という。ちなみに、近年に日本で最も新しく記載されたヘビは、1994年に新種記載されたツシママムシであり、すでに記載から30年以上が経過している。

学名

生物につけられた世界共通の名称。属名、種小名、亜種名（亜種の場合）の順で記され、その後にしばしば命名者名と記載された年号が付記される。命名された後になってから、分類学的変更によって属が変更された場合は、命名者名と年号を括弧でくくる。例えば、シロマダラの学名はHilgendorfによって1880年に *Ophites orientalis* として記載されたため、記載時の学名は *Ophites orientalis* Hilgendorf, 1880だが、のちにオオカミヘビ属 *Lycodon* に移されたため、現在の学名は *Lycodon orientalis* (Hilgendorf, 1880) である。

タイプ標本（模式標本）

種または亜種の記載時に、その生物を定義するための基準となった標本。

タイプ産地（模式産地）

種または亜種の記載時に用いられた模式標本が採集された場所。

タイプ種（模式種）

ある属を記載する際に、その属の基準となる代表種として指定された種。同様に、科の代表となる属のことをタイプ属という。

シノニム（同物異名）

学名には先取権というものがあり、同一の種に対して別の人物が異なる学名を命名してしまった場合に、原則として先に発表された学名を有効なものとして扱う。その際に、後に発表されたものをシノニムといい無効とする。ただし、一度シノニムとされた名前が、後の分類学的な見直しによって有効な名前として復活することも少なからずある。

亜種

種よりも下位の分類階級。種内の地理的に異なる地域に出現する形態や色彩が異なる個体群を亜種として記載す

ることがある。しかし、亜種の定義には曖昧な部分もあり、亜種を使用することに対して批判的な立場もある。また、亜種扱いにされている個体群を再検討して、別種に引き上げるということも珍しくなく、日本のヘビでも、元々は亜種として記載されたが、現在は別種として扱われているものが少なくない（イワサキセダカヘビ、サキシマバイカダなど）。一方で、逆に元々種として記載されたものが、後に亜種に引き下げられることもある（日本のヘビでは、サキシマスジオなど）。亜種よりもさらに下位の分類階級として、変種や型といったものもあるが、現在、動物の分類では使われていない。

単系統群（クレード）

系統樹において、単一の共通祖先から生じ、さらにその子孫すべてを含むグループのことを単系統群という。また、ある単系統群から1つ、または複数の単系統群を除いて構成されるものを側系統群といい、共通祖先がそれぞれ異なる分類群に位置づけられ、系統樹上で連続しない複数の系統をまとめたものを多系統群という。基本的に、種や属といった分類階級は単系統群であるとされるため、分子系統学的研究によって、ある種や属が側系統群や多系統群であったことが明らかとなり、分類学的な見直しが行われるということがしばしば生じる。

アルビノ

メラニンの生合成に関わる遺伝子の欠損により、先天的にメラニンが欠乏した色彩変異。毛細血管の透過によって瞳孔や虹彩が赤くなる。日本のヘビでは、アオダイショウのアルビノが有名で、山口県岩国市では「岩国のシロヘビ」として天然記念物に指定されている。

リューシスティック

色素の減少により体色が白化する色彩変異。アルビノと異なり、メラニン産生能力は正常であるため瞳孔は赤くならない。

黒化型

先天的にメラニンが過剰に存在することによって体色が黒くなる色彩変異。日本のヘビでは、シマヘビによく見られる。

LD50（50% Lethal Dose、半数致死量）

1回の投与で、ある一定の条件下の実験動物の50%を死亡させると予想される投与量。ヘビの毒の強さを表す際に用いられ、ヘビではマウスに投与することが多い。

DOR（Dead On the Road、ロードキル）

車に轢かれるなどによって生じた路上死体のこと。ヘビは路上で轢かれることが多く、DORによって生息が確認されることも少なくない。

昼行性

昼間に活動し、夜間は活動しない習性のこと。逆に、夜間に活動し、昼間は活動しない場合を夜行性といい、明け方や夕暮れに活動する場合を薄明薄暮性という。また、昼も夜も活動することを周日行性という。ただし、一般に昼行性といわれるヘビでも夜間に見つかることやその逆もあり、例外は少なくない。

徘徊型

採餌の際、積極的に動き回って餌動物を探索する習性のこと。逆に餌動物を待ち伏せる場合は待ち伏せ型という。徘徊型と待ち伏せ型の採餌を使い分けるヘビもいる。

簡易検索

一般的に、ヘビの同定は実際に捕獲し、鱗相などの形態形質を精査して行うのが確実である。ただし、日本のヘビ類のほとんどは、分布域と色彩の組み合わせで種同定を行うことが可能である。また、野外で出会うヘビは毒ヘビである危険性もあるため、種の判別ができていない状況で無闇に触れるべきではない。そこで、野外でヘビを見かけた際に、手に取らずに目視や雰囲気で大まかに判別したいとき、写真から種の当たりを付けるときなどに注目すべきポイントについてまとめた。

北海道・本州・四国・九州と周辺の島嶼

胴体に模様がなく、体色は黒色以外

眼の後ろに黒い筋模様がある

➡ 体色は茶色／虹彩が赤っぽい／瞳が明光下で紡錘形：**シマヘビ**

➡ 体色は赤っぽい／頭部に3本の黒い線が入る／瞳が丸い：**ジムグリ**

➡ 体色は灰色や緑がかった茶色／虹彩は茶色／瞳が丸い：**アオダイショウ**

眼の後ろに黒い筋模様がない

➡ 頭部に斑紋がない／腹板側部には斑紋がない／上唇板が黒く縁取られない：**ジムグリ（無斑型）**

➡ 小型で全長60cm以下／頭部に1対の黄色っぽい斑紋がある／腹板側部に黒点がある／上唇板が黒く縁取られる：**ヒバカリ**

側部の黒点

➡ キールが目立ち、ザラザラして見える／瞳は丸い／上唇板が黒く縁取られる：**ヤマカガシ**

胴体に模様がなく、体色は黒色

➡ 非常に小型で全長20cm以下／頭部の鱗に虹色の光沢がある：**タカチホヘビ（幼蛇）**

➡ キールが目立たない／虹彩も黒いため目が真っ黒に見える／喉や体の前半部に白色や薄茶色の模様が入ることが多い：**シマヘビ**

体鱗が菱形

➡ キールが目立たない／虹彩は普通褐色：**アオダイショウ**

体鱗が紡錘形

➡ キールが目立ち、ザラザラして見える：**ヤマカガシ**

体鱗が紡錘形

胴体に黒っぽい縦縞がある

➡ 四本の黒っぽい縦縞がある／体色は茶色／虹彩が赤っぽい／瞳がやや紡錘形：**シマヘビ**

➡ 不明瞭な四本の黒っぽい縦縞がある／体色は灰色や緑がかった茶色／虹彩が褐色／瞳が丸い：**アオダイショウ**

➡ 背面の正中に黒っぽい筋模様が1本ある／小型で全長60cm以下：**タカチホヘビ**

黒いバンド模様がある

➡ 体色が赤い／瞳が縦長／頭部が頸部より太い／対馬に分布：**アカマダラ**

➡ 体色が白色から薄茶色／小型で全長70cm以下／対馬以外に分布：**シロマダラ**

➡ 体色が赤い／頭部に3本の黒い線が入る／頭部と頸部の太さがほぼ同程度／対馬以外に分布：**ジムグリ**

➡ キールが目立ち、ザラザラして見える／黒いバンド模様の内部に不明瞭な白い斑紋がしばしば入る／明色部の色彩もやや暗い／対馬以外に分布：**ヤマカガシ**

大柄なまだら模様がある

➡ 体型が細い／頭も細長い／尾が長い／瞳が丸い：**アオダイショウ**（幼蛇）

➡ 体型がやや太い／尾が短い／眼と鼻孔の間に孔（ピット）がある／瞳が紡錘形：**ニホンマムシ**（対馬以外）・**ツシマムシ**（対馬）

ニホンマムシ（対馬以外）　　ツシマムシ（対馬）

細かい黒点模様がある

➡ 体色が赤く鮮やか／腹面に斑紋を持つ：**ジムグリ**（幼蛇）

➡ 体色が茶褐色や赤褐色／腹面に斑紋がない：**シマヘビ**（幼蛇）

小宝島・宝島・奄美群島・沖縄諸島

➡ 小型で全長20cm以下／目は小さく鱗に覆われている／体に模様がない：**ブラーミニメクラヘビ**

胴体にはっきりとした模様がない

➡ 頭部が大きい／体色が黒褐色／小宝島と宝島に分布：**トカラハブ**

➡ 頭部は小さい／体鱗はなめらか／体色が緑：**リュウキュウアオヘビ**

➡ 頭部は小さい／体鱗にはキールがある／体色が暗褐色／小型で全長60cm以下：**アマミタカチホ**

胴体に模様がある

➡ 背面の正中に黒っぽい筋模様が1本ある／腹面は黄色味を帯びる／小型で全長60cm以下：**アマミタカチホ**

➡ 体色は灰褐色で暗褐色の環状や帯状の模様が多数入る／頭部が大きい／小宝島と宝島に分布：**トカラハブ**

➡ 体色は褐色／背面に橙色の斑点が並ぶ／久米島に分布：**キクザトサワヘビ**

橙色の斑点は水中で確認しやすい

黒っぽい縦縞がある

➡ 背面に4本の黒い縦縞がある／体色が緑色〜黄緑色：**リュウキュウアオヘビ**

➡ 背面に1本のやや乱れた黒い筋模様がある／頭部が大きい／体色は黄色〜緑黄色：**ホンハブ**

➡ 背面に1〜5本の黒い縦縞がある／体色が黄褐色〜橙色／小型で全長60cm以下：**ヒャン（奄美群島）・ハイ（沖縄諸島）**

ハイ（沖縄諸島）

ヒャン（奄美群島）

大柄な模様がある

➡ 色は黒っぽい／胴の前半に白から黄色の横帯が複数並ぶ／キールが目立ち、ザラザラして見える：**ガラスヒバァ**

➡ 体色は黄褐色や赤褐色／黒いバンド模様が入る（黒いバンド模様には赤褐色の斑点がしばしば混じる）：**アカマタ**

アカマタ（沖縄諸島）

アカマタ（奄美群島）

奄美群島の個体群は黒いバンド模様に斑点が入らない個体が多い

➡ 体色は黄褐色／尾部に明瞭な黄色と黒色の縦縞がある／沖縄島に移入分布：**タイワンスジオ**

➡ 体色が褐色／体が太く短い：**ヒメハブ**

ヒメハブ（沖縄諸島）　　　　ヒメハブ（奄美群島）

➡ 体色が黄褐色〜茶褐色／頭部が大きい／体は細長い／**奄美群島：ホンハブ**

➡ 体色が黄色〜黄褐色／黒っぽい斑紋が全身に不規則に入る／頭部が大きい／体は細長い／**沖縄諸島：ホンハブ**

➡ 体色が灰褐色〜黄褐色／頭部が大きい／背面に暗褐色のジグザグ、または短いバンド状の斑紋がある／沖縄島に移入分布：**サキシマハブ・タイワンハブ**

➡ 暗褐色の斑紋の縁が白色、または黄白色の細かな斑紋で縁取られる：**タイワンハブ**

➡ 暗褐色の斑紋の縁には縁取りがない：**サキシマハブ**

宮古諸島

➡ 小型で全長20cm以下／目は小さく鱗に覆われている／体に模様がない：**ブラーミニメクラヘビ**

➡ 小型で全長20cm以下／頭部は小さく頸部と太さがほぼ変わらない／尾端はとがる：**ミヤコヒメヘビ**

明瞭なバンド模様がある

➡ 体型が細く尾が長い／頭部が頸部と比べ極端に太い：**サキシマバイカダ**

➡ 体型が太い／頭部は頸部よりやや太い程度：**サキシママダラ**

➡ 体色は褐色／黒い模様が複雑に入る／尾部に明瞭な褐色と黒色の縦縞がある：**サキシマスジオ**

➡ 体色は黒褐色から褐色／胴の前半に細く白い帯状模様が入る／キールが目立ち、ザラザラして見える：**ミヤコヒバァ**

八重山諸島

➡ 小型で全長20cm以下／目は小さく鱗に覆われている／体に模様がない：**ブラーミニメクラヘビ**

➡ 小型で全長40cm以下／頭部は小さく頸部と太さがほぼ変わらない／尾端はとがる／与那国島に分布：**ミヤラヒメヘビ**

➡ 体色は黒褐色や黒灰色／背面の正中に黒っぽい不明瞭な筋模様が1本ある／小型で全長60cm以下：**ヤエヤマタカチホ**

➡ 体色は灰褐色や灰緑色／頭部は小さい／胴部が太い：**サキシマアオヘビ**

➡ 体色は褐色／胴の前半に黒く縁取られた黄白色の帯状模様が入る／キールが目立ち、ザラザラして見える：**ヤエヤマヒバァ**

➡ 体色は褐色／胴の前半部に白色の細かな模様が不規則に入る／与那国島に分布：**ヨナグニシュウダ**

➡ 体色は褐色／黒い模様が複雑に入る／尾部に明瞭な褐色と黒色の縦縞がある：**サキシマスジオ**

体色は褐色で黒褐色の模様が入る

➡ 頭部は背面から見るとほぼ長方形／目が側方に飛び出している：**イワサキセダカヘビ**

➡ 頭部は背面から見ると三角形に近い／首が明瞭にくびれる：**サキシマハブ**

明瞭なバンド模様がある

➡ バンド模様は赤と黒で頭部には白いバンドがある：**イワサキワモンベニヘビ**

➡ 体型が細く尾が長い／頭部が頸部と比べ極端に太い：**サキシマバイカダ**

幼蛇は頭部に白い模様がある

➡ 体型が太い／頭部は頸部よりやや太い程度：**サキシママダラ**

ウミヘビ類

青黒のバンド模様を持つ

➡ 黒の斑紋が体側の下部ですぼまる：**エラブウミヘビ**

➡ 黒の斑紋幅が青の斑紋より広い／上唇は黒い：**ヒロオウミヘビ**

➡ 黒の斑紋幅が青の斑紋より狭い／上唇は黄色、または白：**アオマダラウミヘビ**

白黒のバンド模様を持つ

➡ 体が太い／バンド模様の縁はギザギザ：**イイジマウミヘビ**

➡ 体が太い／黒いバンド模様が紡錘型で腹面まで到達する：**ヨウリンウミヘビ**

➡ 体が太い／黒いバンド模様が紡錘型で腹面まで到達しない：**クロボシウミヘビ**

➡ 体が細長く、黒いバンド模様が紡錘型で腹面まで到達する／頭部が小さい：**クロガシラウミヘビ・マダラウミヘビ**

※日本のマダラウミヘビ及びクロガシラウミヘビについては分類学的な混乱があり、体型や色彩のみでの識別は困難だと思われる

クロガシラウミヘビ

マダラウミヘビ

バンド模様を持たない

➡ 背面は黒色／腹面は黄色：**セグロウミヘビ**

日本産ヘビ類検索表

前項までの簡易検索は、野外で生きたヘビを、色彩などから簡易的に見分けたり、写真からヘビを同定したりする際の指標となるものだが、実際に正確に種を同定するためには、鱗などの細かい形態形質を確認することが不可欠となる。ここで示す検索表は、主にヘビの死体や標本から正確に種同定を行いたいときなどに用いることができる。また、実際には色彩などで容易に識別が可能なヘビでも、他の種と形態的にどんな違いがあるのかを確認することで、ヘビにおいてどんな分類形質が重要なのかといった理解を深めることもできるだろう。鱗の名称や形態に関する用語はヘビの形態（p.20〜28）を参照してほしい。

陸性ヘビ類

科までの検索

❶ 体は一様に小さな鱗に覆われ、腹板が確認できない。眼が鱗に覆われてほとんど確認できない 図1。 ➡ **メクラヘビ科**
腹板と眼は、はっきりと確認できる 図2。 ➡ ❷

❷ 尾下板は対にならない 図3。体鱗は、ほぼ全面が真皮に密着し、鱗同士は重ならない 図4。
➡ **タカチホヘビ科**
尾下板は対になる 図5。体鱗同士が多少なりとも重なる 図6。
➡ ❸

❸ 下顎の咽頭板の間の正中線上を通る溝がない 図7。体は側扁する。八重山諸島に分布。 ➡ **セダカヘビ科**
下顎の咽頭板の間の正中線上を通る溝がある 図8。 ➡ ❹

❹ 眼と外鼻孔の間にピット器官がある 図9。上顎の前部に1対のきわめて発達した管状の毒牙を持つ 図10。 ➡ **クサリヘビ科**
ピット器官はなく、上顎歯は管状にならない。 ➡ ❺

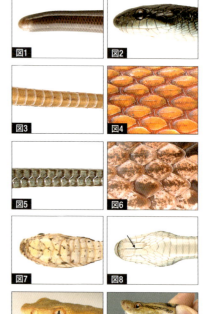

5. 頬板が存在しない。上顎の前部に1対の溝がある毒牙を持つ 図11 。 ▶ **コブラ科**
上記に当てはまらない 図12 。
▶ **ナミヘビ科**

北海道・本州・四国・九州と周辺の島嶼

メクラヘビ科　▶ ブラーミニメクラヘビ

タカチホヘビ科　▶ タカチホヘビ

クサリヘビ科

舌の色はピンク色か赤褐色で 図13 、胴体背面の楕円形の斑紋はやや小さく、中央に暗色の点がない 図14 。対馬に分布。▶ **ツシママムシ**

舌の色は暗褐色かほぼ黒色で 図15 、胴体背面の楕円形の斑紋の中央に暗色の点がある 図16 。対馬以外に分布。▶ **ニホンマムシ**

ナミヘビ科

1. 胴中央部の体鱗列数は21以上。⇨ 2
   胴中央部の体鱗列数は21未満。⇨ 3
2. 胴中央部の体鱗列数は21で、キールがないか、あっても弱い。尾下板数は60〜76。▶ **ジムグリ**
   胴中央部の体鱗列数は23〜25で、弱いキールがある。尾下板数は97〜119。▶ **アオダイショウ**
3. 胴中央部の体鱗列数は17。⇨ 4
   胴中央部の体鱗列数は19。⇨ 5
4. 眼に接する細長い頬板があり、眼前板がない。肛板は二分する（まれに単一）。対馬以外に分布。▶ **シロマダラ**
   眼前板は1枚。肛板は単一。対馬に分布。▶ **アカマダラ**
5. 体鱗のキールは弱い。尾下板数は192〜217。▶ **シマヘビ**
   体鱗のキールは明瞭。尾下板数は180未満。⇨ 6
6. 眼前板は普通2枚で、頸部における体鱗列数は21。頸部に頸腺がある。▶ **ヤマカガシ**
   眼前板は普通1枚で、頸部における体鱗列数は19。
   ▶ **ヒバカリ**

小宝島・宝島・奄美群島・沖縄諸島

メクラヘビ科　→ ブラーミニメクラヘビ

タカチホヘビ科　→ アマミタカチホ

クサリヘビ科

① 胴中央部の体鱗列数は27以下。⇨ ②
　胴中央部の体鱗列数は31以上。⇨ ③
② 胴中央部の体鱗列数は21または23。腹板数は123〜135。
　体は太短い 図17 。→ ヒメハブ
　胴中央部の体鱗列数は23または25。腹板数は179〜192。
　体は細長い 図18 。沖縄島南部に移入分布。
　→ サキシマハブ

図17

　胴中央部の体鱗列数は27。腹板数は179〜225。体は細
③ 長い。沖縄島北部・中部に移入分布。→ タイワンハブ
　胴中央部の体鱗列数は31または33。腹板数は199〜210。
　小宝島・宝島に分布。→ トカラハブ
　胴中央部の体鱗列数は普通35で、まれに31、33、37、
　39。腹板数は216〜239。奄美群島・沖縄諸島に分布。
　→ ホンハブ

図18

コブラ科

胴部には、体鱗1枚程度の太さの1〜5本の黒い縦条と、それ
を横断する11〜16の黒い環状紋がある 図19 。腹板数はオ
スで193〜211、メスで201〜217。徳之島を除く奄美群島に
分布。
→ ヒャン（徳之島以外の個体群）
胴部には、体鱗1枚よりも太い幅の5本の黒い縦条と、それ
を横断する11〜13の黒い環状紋がある。腹板数はオスで191
〜204、メスで207〜210。徳之島に分布。→ ヒャン（徳之島
の個体群）
胴部には、体鱗1枚よりも太い幅の5本の黒い縦条と、それ
を横断する0〜14の黒い環状紋がある 図20 。腹板数はオス
で163〜199、メスで167〜203。沖縄諸島に分布。→ ハイ

図19

図20

ナミヘビ科

① 胴中央部の体鱗列数は23〜25。尾部に黄色の縦条がある。沖縄島中部に移入分布。 ➡ **タイワンスジオ**
胴中央部の体鱗列数は15〜19。⇨ ②

② 胴中央部の体鱗列数は15。⇨ ③
胴中央部の体鱗列数は17〜19。⇨ ④

③ 前額板は2枚。上唇板は8枚（ときに7枚）で、4〜5枚目が眼に接する。 ➡ **リュウキュウアオヘビ**
前額板は大型で1枚（まれに不完全な縦割れが入る）。上唇板は6枚（まれに7枚）で、4枚目が眼に接する。胴の後部から尾部には著しいキールがある 図21。久米島に分布。
➡ **キクザトサワヘビ**

④ 胴中央部の体鱗列数は17。尾下板数は90〜108。
➡ **アカマタ**
胴中央部の体鱗列数は19。尾下板数は112〜130。
➡ **ガラスヒバァ**

図21

宮古諸島

メクラヘビ科 ➡ ブラーミニメクラヘビ

ナミヘビ科

① 体鱗列数は13。 ➡ **ミヤコヒメヘビ**
体鱗列数は13よりも多い。⇨ ②

② 胴中央部の体鱗列数は25〜27。尾部に黄褐色の縦条がある。 ➡ **サキシマスジオ**
胴中央部の体鱗列数は17〜19。⇨ ③

③ 胴中央部の体鱗列数は19で、強いキールがある 図22。
➡ **ミヤコヒバァ**
胴中央部の体鱗列数は17で、キールがないか、あっても弱い 図23。⇨ ④

④ 腹板数は164〜197で、側稜はあまり明瞭ではない 図24。尾下板数は71〜90。 ➡ **サキシママダラ**
腹板数は229〜237で、側稜は顕著 図25。尾下板数は106〜119。 ➡ **サキシマバイカダ**

図22

図23

図24

図25

八重山諸島

メクラヘビ科　⇒ ブラーミニメクラヘビ

タカチホヘビ科　⇒ ヤエヤマタカチホ

セダカヘビ科　⇒ イワサキセダカヘビ

クサリヘビ科　⇒ サキシマハブ

コブラ科　⇒ イワサキワモンベニヘビ

ナミヘビ科

❶ 体鱗列数は13。与那国島に分布。⇒ ミヤラヒメヘビ
体鱗列数は13よりも多い。⇨ ❷

❷ 胴中央部の体鱗列数は25～27。⇨ ❸
胴中央部の体鱗列数は17～19。⇨ ❹

❸ 胴中央部の体鱗列数は普通27（ときに25）で、弱いキールがある。腹板数は243～260。尾部に黄褐色の縦条がある。与那国島を除く八重山諸島に分布。
⇒ サキシマスジオ
胴中央部の体鱗列数は25で、顕著なキールがある。腹板数は217～225。尾部には模様が入らない。与那国島に分布。⇒ ヨナグニシュウダ

❹ 胴中央部の体鱗列数は19で、強いキールがある 図22 。
⇒ ヤエヤマヒバァ
胴中央部の体鱗列数は基本的に17で、キールがないか、あっても弱い 図23 。⇨ ❺

❺ 瞳孔は丸い 図26 。尾下板数は52～64。
⇒ サキシマアオヘビ
瞳孔は縦長の楕円形 図27 。尾下板数は70以上。⇨ ❻

図26

❻ 腹板数は164～197で、側稜はあまり明瞭ではない 図24 。尾下板数は71～90。⇒ サキシママダラ
腹板数は229～237で、側稜は顕著 図25 。尾下板数は106～119。⇒ サキシマバイカダ

図27

ウミヘビ類（コブラ科）

① 腹板は発達し、体鱗の4倍以上の幅がある 図28 。⇨ ②
腹板は小さく、体鱗の2倍以下の幅しかない 図29 。⇨ ⑤

② 鼻板は鼻間板で隔てられる 図30 。上唇板は7枚以上。⇨ ③
鼻板は互いに接する 図31 。上唇板は3枚で、2枚目が極端に大きい 図32 。
⇨ **イイジマウミヘビ**

③ 吻端板は上下で二分する 図33 。胴後半部の腹板の中央には明瞭なキールがある。
⇨ **エラブウミヘビ**
吻端板は上下で二分しない 図34 。胴後半部の腹板の中央には明瞭なキールがない。⇨ ④

④ 前額板は2枚 図35 。上唇は黒い。⇨ **ヒロオウミヘビ**
前額板は3枚 図36 。上唇は黄色い。⇨ **アオマダラウミヘビ**

⑤ 胴部には黒い環状紋が入る。腹板は葉のような形で2枚に分かれる 図37 。体は太い。
⇨ **ヨウリンウミヘビ**
胴部は背面が黒色、腹面が黄色の2色に分かれる。腹板の中央に溝がある 図38 。体は細い。
⇨ **セグロウミヘビ**
胴部には黒い環状紋が入る（腹面まで達しない場合もある）。腹板は肛板付近のものを除き、基本的に2分しない。体は細い。⇨ ⑥

⑥ 胴部の黒い環状紋は腹面まで達しない 図39 。
⇨ **クロボシウミヘビ**
胴部の黒い環状紋は腹面まで達する。⇨ ⑦

⑦ 眼の直径は眼と口縁の間隔よりも小さい。前側頭板は上下に2分する。頭胴長が1m以上で、胴部周囲長は頸部周囲長の1.8倍よりも小さい。⇨ **マダラウミヘビ**
眼の直径は眼と口縁の間隔よりも大きい。前側頭板は1枚。頭胴長が1m未満で、胴部周囲長は頸部周囲長の2.0倍よりも大きい。
⇨ **クロガシラウミヘビ**

※日本のマダラウミヘビおよびクロガシラウミヘビについては分類学的な混乱があり、⑦の識別点では識別ができない場合もあるとされる。

column
日本のヘビ研究者 1

Leonhard Hess Stejneger(1851〜1943)

　スタイネガーは、1851年にノルウェーで生まれた。幼いころから動物学への関心を持ち、1871年に初めて鳥類学に関する論文を出版した。クリスティアニア大学で哲学や法律学を学んだ後、1881年にアメリカに渡り、スミソニアン協会でポストを得た。スミソニアン協会では爬虫両生類の学芸員や生物学の主任学芸員を歴任した。彼の金字塔ともいうべき著作が1907年に出版された"Herpetology of Japan and Adjacent Territories"（日本とその周辺地域の両生爬虫類）であり、日本を中心とする東アジアの爬虫両生類の分類および自然史に関する知見を体系的にまとめている。本書は日本における爬虫両生類の分類学的研究の出発点となった文献で、詳しい形態の記載はもちろん、詳細なシノニムリストや分類学的な変遷、学名の由来、標本の個体ごとの形態情報などがまとめ上げられており、現在でも非常に参考になる。本書では、多くの分類学的変更と新種記載を行っており、サキシママダラが本書で新亜種記載されている。また、日本のヘビではイイジマウミヘビとミヤコヒメヘビもスタイネガーによって記載されている。

牧 茂市郎(1886〜1959)

　現在の愛媛県東温市で生まれた牧は、広島高等師範学校で生物学を学ぶ。その後、台湾に渡り、1926年まで台湾総督府で農業害虫の研究を行う傍ら、当地の爬虫両生類の調査も行っていた。1932年に京都帝国大学から博士号を授与される。その博士論文が"A Monograph of the Snakes of Japan"であり、その一部が英語版、日本語版として1931年に出版され、1933年に日本語のみで全種を収録した完全版である『日本蛇類圖説』が出版された。本著は日本のヘビ類の分類学において最も重要な文献の1つであり、日本全土に加え、当時、日本領であった台湾、朝鮮、樺太に分布する全97種・亜種が網羅された大著である。また、上記の博士論文で、牧は5新種、8新亜種を記載しており、日本のヘビではサキシマバイカダが新亜種記載されている。また、後にイワサキセダカヘビおよびイワサキワモンベニヘビが牧によって記載されている。

牧が"A Monograph of the Snakes of Japan"で新亜種として記載したサキシマバイカダ

第2章 ヘビ図鑑

ブラーミニメクラヘビ（宮古島／福山伊）

1
メクラヘビ科

Typhlopidae

ブラーミニメクラヘビ

Indotyphlops braminus (Daudin, 1803)

学名の意味：*braminus* ヒンドゥー教の司祭階級の総称であるブラフミン（バラモン）に由来
模式産地：Vizagapatam（インド東海岸のヴィシャーカパトナム）

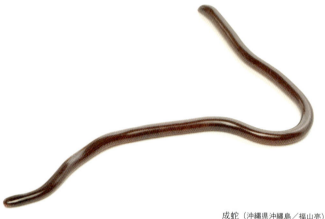

成蛇（沖縄県沖縄島／福山亮）

分布：[国内] 日本国内での分布はすべて移入と考えられる。八丈島、小笠原諸島、琉球列島、大東諸島、尖閣諸島などの島嶼に広く分布するほか、近年、本州では神奈川県、静岡県、和歌山県、四国では高知県、九州では長崎県、大分県、宮崎県、熊本県、鹿児島県で見つかっており、今後ほかの県でも見つかる可能性がある　[国外] 南米を除く世界中の熱帯・亜熱帯地域を中心に広く分布するが、そのほとんどは移入と考えられ、南アジア起源と推測されている。雑種起源で生じた種と考えられているが、親種などについては明らかになっていない
全長：10〜20cm

尾長：全長の2〜4%程度
鱗の枚数・特徴

頬板：なし	眼前板：1
眼後板：1	上唇板：4
下唇板：5	体鱗列数：20
キール：なし	腹板：なし
側稜：なし	肛板：単一
尾下板：なし	

※明瞭な腹板や尾下板を持たないが、胴部と尾部に体鱗が体軸方向にそれぞれ249〜319列と11〜15列並ぶ

特徴・見分け方：眼が鱗に覆われてほとんど確認できない、体が一様に小さな鱗に覆われるといった特徴から、国内の他種とは容易に見分けられる。ミミズと間違えられることがあるが、体が伸び縮みしないことや舌を出すこと、鱗を持つことで見分

成蛇腹面（沖縄県西表島／福山伊）

頭部側面（沖縄県西表島／福山伊）

尾部下面（沖縄県西表島／福山伊）

夜間、路上に現れた成蛇（沖縄県伊平屋島／福山伊）

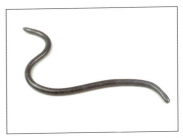

脱皮前で青白くなった個体（沖縄県宮古島／福山伊）

けられる

生息環境：低地の乾燥した林縁や耕作地、人家の庭など

見つかる場所：倒木や転石、落葉の下でよく見つかるほか、夜間に地上を活動している個体もしばしば見つかる

活動時間：夜行性

行動：つかむととがった尾端を押し付けてくる

食性：アリの幼虫や卵、シロアリなど。シロアリの成虫を捕食する際には、しばしばかたい頭部を噛みちぎり、残った胸部と腹部のみを呑み込む

採餌：アリやシロアリの巣を探索して採餌を行うと考えられる

繁殖：国内の個体群は6〜7月に1〜6個の卵を産む。ヘビ類としては唯一の絶対的単為生殖種

毒性：なし

保全状況：国外外来種。いくつかの都道府県の外来種リストに掲載されている

ヤエヤマタカチホ（西表島／福山伊）

2
タカチホヘビ科
Xenodermidae

タカチホヘビ

Achalinus spinalis Peters, 1869

学名の意味：*spinalis* "背骨"
模式産地：おそらく日本とされる

オス成蛇（鳥取県／福山亮）

分布：[国内] 本州（千葉県を除く）、四国、九州と一部の周辺島嶼（静岡県初島、三重県神島、和歌山県友ヶ島、熊本県天草下島、鹿児島県下甑島など）　[国外] 中国南東部

全長：30～60cm。メスの方が大きくなる

尾長：オスで全長の20～23％程度、メスで全長の14～19％程度

鱗の枚数・特徴
頬板：1　　　　眼前板：なし
眼後板：なし　　上唇板：6
下唇板：6
体鱗列数（前方）：23または25
体鱗列数（中央と後方）：23

キール：弱い
腹板（オス）：143～153
腹板（メス）：151～172
側稜：なし　　　肛板：単一
尾下板（オス）：51～64
尾下板（メス）：39～52
※尾下板は対にならない

特徴・見分け方：褐色または暗褐色で、正中に黒色の縦線が入る。同所的に生息するヘビで同様の色彩のものはいない。また、尾下板が対にならないことでも見分けられる

生息環境：低地から山地の森林

見つかる場所：雨上がりなどの夜間に活動中の個体が路上や林床で見つ

オス成蛇腹面（愛媛県産／福山伊）

頭部（兵庫県／福山伊）

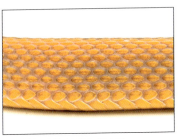

メス成蛇の体鱗（京都府／福山亮）

オスの尾部下面（宮崎県／福山伊）

幼体。体色は黒っぽい（京都府／福山伊）

かるほか、日中に倒木や石の下、落ち葉の中などでも見つかる。また、側溝や集水枡に落ちている個体が見つかることもある

活動時間：夜行性

行動：つかんでも咬みついてきたりする事はない

食性：主にミミズ。スズメガの幼虫やヒル類の捕食例もわずかにある

採餌：夜間に林床などを探索し、地上に出ているミミズを捕食すると考えられる

繁殖：6～8月に3～11個の卵を産む

毒性：なし

保全状況：東京都、奈良県、岡山県、大分県などのレッドリストで絶滅危惧Ⅱ類に選定されているほか、多くの都道府県で準絶滅危惧種や情報不足に選定されている

雨上がりの夜間に活動中の成蛇（和歌山県／福山伊）

夜間、林床を移動していたオス成蛇（鹿児島県／福山伊）

生後1年未満と思われる幼蛇（京都府／福山伊）

ミミズを捕食中の個体（京都府／福山伊）

大型のメス成蛇（京都府／福山伊）

アマミタカチホ

Achalinus werneri Van Denburgh, 1912

学名の意味：*werneri* オーストリアの動物学者 Franz Werner への献名
模式産地：鹿児島県奄美大島名瀬

メス成蛇（鹿児島県奄美大島／福山伊）

分布：奄美群島（奄美大島、枝手久島、加計呂麻島、徳之島）、沖縄諸島（沖縄島、渡嘉敷島など）
全長：30〜60cm
尾長：オスで全長の26〜29％程度、メスで全長の20〜23％程度
鱗の枚数・特徴
頬板：1　　　眼前板：なし
眼後板：なし　上唇板：6
下唇板：6
体鱗列数：21または23
キール：明瞭
腹板（オス）：157〜183
腹板（メス）：166〜191
側稜：なし　　肛板：単一
尾下板（オス）：83〜98
尾下板（メス）：67〜93
※尾下板は対にならない

特徴・見分け方：背面は青みを帯びた暗褐色で、正中に黒色の不明瞭な縦条を持つ。腹面および上唇、外側数列の体鱗はクリーム色や黄色で模様はない。同所的に生息するヘビで同様の色彩のものはいない。また、尾下板が対にならないことでも見分けられる

メス成蛇腹面（鹿児島県奄美大島／福山伊）

頭部側面（鹿児島県奄美大島／福山伊）

メス成蛇の体鱗（鹿児島県奄美大島／福山伊）

メスの尾部下面（鹿児島県奄美大島／福山伊）

幼蛇。腹面の黄色みが薄い。（鹿児島県奄美大島／福山伊）

生息環境：低地から山地の森林。サトウキビ畑などでも見つかる
見つかる場所：雨上がりなどの夜間に活動中の個体が路上や林床で見つかるほか、日中に倒木や石の下、落ち葉の中などでも見つかる
活動時間：夜行性
行動：脅かすと体をボール状に丸める防御行動を行うことがある。つかんでも咬みついてきたりする事はない
食性：ミミズ
採餌：夜間に林床などを探索し、地上に出ているミミズを捕食すると考えられる
繁殖：5月に3〜8個の卵を産む
毒性：なし
保全状況：環境省、鹿児島県、沖縄県のレッドリストで準絶滅危惧に選定されている

第2章 ヘビ図鑑 ／ タカチホヘビ科

雨の夜間、路上に出てきていたメス成蛇（鹿児島県奄美大島／福山亮）

ガレ場で見つかった幼蛇（鹿児島県奄美大島／福山伊）

夜間、林床にいた成蛇。背中線や頭部の黄色がやや目立つ(沖縄県沖縄島/田原)

ヤエヤマタカチホ

Achalinus formosanus chigirai Ota et Toyama, 1989

学名の意味：formosanus 基亜種タイワンタカチホ A. f. formosanus の分布域である台湾の別名 Formona に由来。chigirai 本亜種の最初の標本を採集した千木良芳範への献名
模式産地：沖縄県西表島上原

オス成蛇（沖縄県西表島／福山伊）

分布：八重山諸島（石垣島、西表島）
全長：37〜45cm
尾長：オスで全長の29%程度、メスで全長の20%程度
鱗の枚数・特徴
頬板：なし　　　眼前板：なし
眼後板：なし　　上唇板：6
下唇板：6
体鱗列数：25または27
キール：明瞭
腹板（オス）：159〜167
腹板（メス）：179
側稜：なし　　　肛板：単一
尾下板（オス）：95〜97
尾下板（メス）：72
※頬板と全額板が融合して1対の大きな鱗になっている。また、尾下板は対にならない。

特徴・見分け方：背面は黒褐色や黒灰色で、正中に黒色の不明瞭な縦条を持つ。腹面はクリーム色や淡灰色で模様はない。同所的に生息するヘビでは、サキシマアオヘビとやや色彩が似るが、本種の方が小型で、体全体の体鱗に明瞭なキールを持つことで見分けられる。また、尾下板が対にならないことでもほかの種から見分けられる
生息環境：低地の照葉樹林や石灰岩植生内で見つかっている
見つかる場所：雨上がりなどの夜間に活動中の個体が路上や林床で見つかるほか、日中に倒木や石の下、鍾乳洞内などでも見つかっている
活動時間：夜行性
行動：脅かすと尾を振る防御行動を行うことがある

成蛇腹面（沖縄県西表島／福山伊）

頭部側面（沖縄県西表島／福山伊）

若い個体。体色が黒っぽく、頭部の光沢が目立つ（沖縄県西表島／福山亮）

夜間林道上に静止していたオス成蛇（沖縄県西表島／福山伊）

大雨の中、沢沿いの林床を這っていたメス成蛇（沖縄県西表島／福山伊）

食性：ミミズ
採餌：夜間に林床などを探索し、地上に出ているミミズを捕食すると考えられる
繁殖：知見はほとんどないが、12月に採集されたメスの成体が16個の発達途中の卵を持っていたことが確認されている。また、8月初めが孵化時期だと考えられている
毒性：なし

保全状況：環境省のレッドリストで絶滅危惧II類に、沖縄県のレッドリストで準絶滅危惧に選定されている。石垣市自然環境保護条例保全種に指定され、石垣市では捕獲などが禁止されている。また、竹富町自然環境保護条例で希少野生動植物種に指定され、希少野生動植物保護区内での捕獲などが禁止されている

イワサキセダカヘビ（沖縄県西表島／福山亮）

3
セダカヘビ科
Pareidae

イワサキセダカヘビ

Pareas iwasakii (Maki, 1937)

学名の意味：*iwasakii* 採集者である岩崎卓爾への献名
模式産地：石垣島

メス成蛇（沖縄県西表島／福山亮）

分布：石垣島・西表島
全長：50〜70cm
尾長：全長の20〜26%程度
鱗の枚数・特徴
頬板：1　　　　眼前板：1
眼後板：1　　　上唇板：7〜8
下唇板：8〜9　　体鱗列数：15
キール：あり（背中側のみ）
腹板：188〜199　側稜：なし
肛板：単一　　　尾下板：71〜86対
特徴・見分け方：茶色い体色で、目の後方から頸部にかけて、黒褐色の線が2本入る。同所的に分布するサキシマハブやヤエヤマヒバァと異なり、キールの目立たない体鱗を持つ。顎の下の左右の咽頭板の間に入る縦溝である、頤溝（おとがいこう）が存在しない点でも、国内に分布する新蛇類のヘビと見分けられる

生息環境：森林を主な生息地とするが、サトウキビ畑などの耕作地でも見つかる

見つかる場所：樹上性傾向が強いと考えられ、地表近くから数メートルまでのシダ上や樹上などで目にする機会が多い。地表を這っている個体

オス成蛇腹面（沖縄県西表島／福山伊）

頭部側面（沖縄県西表島／福山伊）

頭部下面（沖縄県西表島／福山伊）

左右で数が異なる下顎歯。右下顎歯のほうが、より多く密に生える（沖縄県西表島／福山伊）

幼蛇（沖縄県西表島／福山亮）

が見つかることもある

活動時間：夜行性

行動：性質はおとなしく、咬むことはない

食性：カタツムリを専食すると考えられている。野外食性として、イッシキマイマイの捕食例が複数ある

採餌：左右非対称な顎を使い、カタツムリの軟体部のみを殻から引きずり出して捕食する。非対称な顎は多数派である右巻きのカタツムリを捕食するのに効率的な構造となっている

繁殖：5月、6月、9月にそれぞれ別のメスが6〜11個の卵を産んだ記録がある

毒性：なし

保全状況：環境省、沖縄県のレッドリストで準絶滅危惧に選定されている

成蛇の正面顔。目が左右に大きく張り出す(沖縄県石垣島／福山伊)

夜間、樹上で活動していた幼蛇(沖縄県石垣島／福山伊)

column
日本のヘビ研究者 2

深田 祝 (1913〜2002)

深田は京都府京都市で生まれ、1937年に京都帝国大学農学部を卒業する。その後、同大学理学部の大学院に進学するも、兵役のため休学を余儀なくされる。1942年に復学し、その翌年の1943年に旅順高等学校に着任する。1954年からは京都学芸大学の講師となり、長きにわたって京都市伏見区の水田地帯でヘビ類の生態調査を行った。1961年にヘビ類の野外生態に関する研究で京都大学から博士号を授与された。深田は腹板切除によるマーキング法や強制嘔吐法など、ヘビの生態調査における基礎的な手法を日本で初めて取り入れ、ヘビの野外生態や行動に関する基礎的な研究を数多く行った。それらの研究を集大成としてまとめたのが、1992年に出版された"Snake Life History in Kyoto"である。本書には、ヘビのあらゆる自然史的情報がまとめられており、日本のヘビに関する類書は存在しない。

高良鉄夫 (1913〜2014)

沖縄県本部町に生まれた高良は、鹿児島高等農林学校を卒業し同校に勤務するが、1年と経たずに退職し、兵役に就いている。終戦後の1945年から八重山農学校の教諭を5年間務め、1951年には創設直後の琉球大学に着任した。1960年に九州大学に留学し、その機会に、それまで調査を続けていた琉球列島のヘビ類の分布と分類に関する研究の取りまとめを行い、翌年の1961年に九州大学から農学博士号を授与された。高良が1962年に出版した『琉球列島における陸棲蛇類の研究』は、日本のヘビ類の多様性の大部分を占める琉球列島の陸性ヘビ類全種について、それまでの知見と自らの調査に基づく膨大なデータを体系的にまとめたもので、琉球のヘビ類研究の基礎を築くとともに、各種の島ごとの分布を初めて明らかにした点でも価値が高い。本論文では、いくつかの種の分類学的な変更およびヨナグニシュウダとミヤラヒメヘビの新亜種記載を行っている。また、シュウダの日本からの初記録やキクザトサワヘビの新種記載も高良の業績として挙げられる。

鳥羽通久 (1950〜2011)

群馬県高崎市に生まれた鳥羽は、1975年に東北大学理学部を卒業し、同年から日本蛇族学術研究所の研究員となる。1990年にアジア地域のマムシ属の骨形態と核型に関する研究で、聖マリアンナ医科大学から医学博士号を授与される。1997年からは日本蛇族学術研究所の所長を務め、日本爬虫両棲類学会や国際爬虫両生類学委員会の評議員を歴任した。ヘビの生態、分類、ヘビ毒の生化学、毒ヘビ咬症と、ヘビ学に関して幅広い研究を行っており、専門的な学術論文のみならず、一般向けの啓蒙記事や書籍も多く執筆している。特にマムシ属に関して多くの研究業績があるほか、ダンジョヒバカリの新亜種記載も行っている。

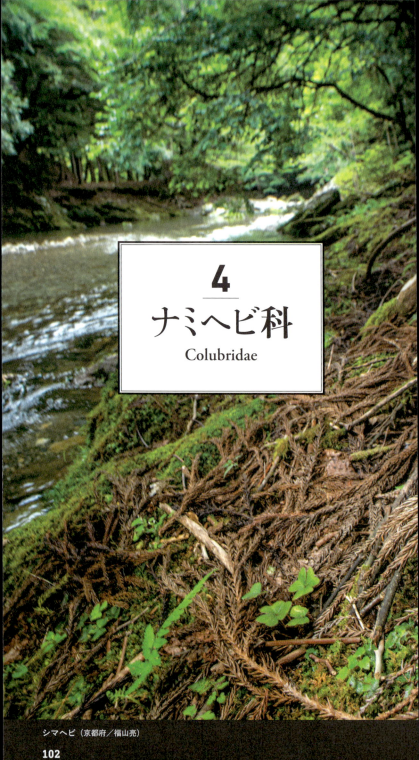

4
ナミヘビ科
Colubridae

シマヘビ（京都府／福山亮）

ミヤコヒメヘビ

Calamaria pfefferi Stejneger, 1901

学名の意味：*pfefferi* ドイツの博物館学芸員であったGeorg Pfefferへの献名
模式産地：沖縄県宮古島

メス成蛇（沖縄県宮古島／福山伊）

分布：宮古諸島（宮古島、伊良部島、来間島、下地島）
全長：16〜22cm
尾長：オスで全長の8〜10%程度、メスで全長の5〜6%程度
鱗の枚数・特徴
頰板：なし　　眼前板：1
眼後板：1　　上唇板：4
下唇板：5　　体鱗列：13
キール：なし
腹板（オス）：142〜152
腹板（メス）：158〜165
側稜：なし　　肛板：単一
尾下板（オス）：22〜26対
尾下板（メス）：13〜15対
※鼻間板と前額板が融合して1対の大きな鱗になっている

特徴・見分け方：背面は赤褐色で、14本の暗褐色の縦条が入る。腹面は黄色で各腹板に暗褐色の斑紋が入る。同所的に生息するヘビで同様の色彩のものはいない。また、本種は同所的にいる他種よりも明らかに小型であることでも見分けられる
生息環境：低地の常緑広葉樹林など。石灰岩洞窟内でも見つかっている
見つかる場所：昼夜問わず倒木や石の下、落ち葉の中などで見つかるこ

成蛇腹面（沖縄県宮古島／福山伊）

頭部側面（沖縄県宮古島／福山伊）

捕獲され、つかんだ手の指に尾端を突き立てる（沖縄県宮古島／福山伊）

非常に小さな幼蛇（右側は比較のために置いた10円玉）（沖縄県宮古島／福山伊）

倒木の下から見つかった成蛇（沖縄県宮古島／福山伊）

とが多い
活動時間：夜行性
行動：つかむととがった尾端を押し付けてくる
食性：ミミズ
採餌：採餌に関する知見はない
繁殖：繁殖に関する知見はない

毒性：なし
保全状況：環境省と沖縄県のレッドリストで絶滅危惧IB類に選定されている。宮古島市自然環境保全条例保全種に指定されており、捕獲などが禁じられている

ミヤラヒメヘビ

Calamaria pavimentata miyarai Takara, 1962

学名の意味：*pavimentata* "舗装された" *miyarai* タイプ標本の採集者である宮良孫好への献名
模式産地：沖縄県与那国島

オス成蛇（沖縄県与那国島／福山伊）

分布：八重山諸島の与那国島
全長：30〜38cm
尾長：オスで全長の9〜10％程度、メスで全長の7％程度
鱗の枚数・特徴
頬板：なし　　眼前板：1
眼後板：1　　上唇板：4
下唇板：5　　体鱗列：13
キール：なし
腹板（オス）：153〜162
腹板（メス）：166〜174
側稜：なし　　肛板：単一
尾下板（オス）：25〜27対
尾下板（メス）：19〜21対

※鼻間板と前額板が融合して1対の大きな鱗になっている

特徴・見分け方：背面は緑褐色ないし黄土色で、14本の黒褐色の縦条が入る。腹面は黄色で各腹板に黒褐色の横紋が入る。同所的に生息するヘビで同様の色彩のものはいない。また、本種は同所的にいる他種よりも明らかに小型であることでも見分けられる
生息環境：低地や山地の常緑広葉樹林など
見つかる場所：地上で活動中の個体も見つかっているが、昼夜問わず倒

オス成蛇腹面（沖縄県与那国島／福山伊）

頭部側面（沖縄県与那国島／福山伊）

体側（沖縄県与那国島／福山伊）

鱗には虹色の光沢がある（沖縄県与那国島／福山伊）

沢沿いの倒木の下から見つかった成蛇（沖縄県与那国島／福山伊）

木や石の下、落ち葉の中などで見つかることが多い。また、側溝に落ちて死亡、乾燥した個体もよく見つかる

活動時間：夜行性と考えられる
行動：つかむととがった尾端を押し付けてくる
食性：ミミズ
採餌：採餌に関する知見はない
繁殖：繁殖に関する知見はほとんどない。全長28cmのメスが未成熟だった例が知られる
毒性：なし
保全状況：環境省と沖縄県のレッドリストで絶滅危惧Ⅱ類に選定されている

リュウキュウアオヘビ

Cyclophiops semicarinatus (Hallowell, 1861)

学名の意味：*semi* "半分の" + *carinatus* "背稜のある"
模式産地：沖縄県沖縄島那覇

オス成蛇（鹿児島県奄美大島／福山亮）

分布：吐噶喇列島の宝島、小宝島および、奄美群島と沖縄諸島のほとんどの島。長崎産や宮古島産とされる標本も存在するが、これらはラベルの誤りと考えられる

全長：55〜110cm

尾長：全長の20％程度

鱗の枚数・特徴

頬板：1	眼前板：1
眼後板：2	上唇板：8（ときに7）
下唇板：7	体鱗列：15
キール：あり	腹板：166〜196
側稜：なし	肛板：二分
尾下板：67〜80対	

※背側の体鱗のみに短いキールを持つ

特徴・見分け方：背面は緑色や灰色がかった黄緑色で模様を持たないことが多いが、4本の暗褐色の縦条を持つ個体も出現する。幼蛇は頭部から胴の前半部にかけて暗褐色の小斑を持つこともある。背面にほとんど模様が入らない点でキクザトサワヘビとやや似るが、体色が緑色を帯びることで明瞭に識別できる。ほかの同所的に生息するヘビで同様の色彩のものはいない

生息環境：低地から山地の森林や果樹園など

見つかる場所：昼夜問わず活動中の個体が路上や林床で見つかるほか、

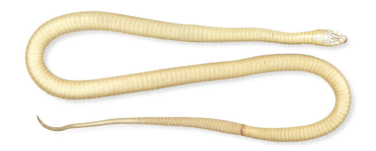

オス成蛇腹面（沖縄県久米島／福山伊）

頭部側面（沖縄県久米島／福山伊）

赤みの強い個体（鹿児島県宝島／福山亮）

体鱗（鹿児島県奄美大島／福山亮）

縞模様が目立つ体側（鹿児島県奄美大島／福山伊）

コンクリート壁の水抜きパイプ内などでも見つかる

活動時間：周日行性

行動：機能的意義は不明だが、頭部を左右にくねらせる行動が観察されている。驚かすと体の前半部を持ち上げて威嚇し、咬みついてくることもある。オス同士でコンバットダンスを行う

食性：主にミミズだが、ミミズ食ホタルの幼虫の捕食例もある

採餌：徘徊型。林床を移動しながら落ち葉の下などに頭部を差し込んでは引き戻し、ミミズを採餌する

繁殖：7月に3〜11個の卵を産む

毒性：なし

保全状況：絶滅危惧種などには選定されていない

全長50cmほどの成蛇。吐噶喇列島の個体群は成蛇でも小型であることが知られている（鹿児島県宝島／福山亮）

夜間に路上でミミズを飲み込む成蛇（沖縄県沖縄島／田原）

縦条が目立つ成蛇（鹿児島県奄美大島／田原）

咬蛇姿勢をとり威嚇する成蛇（沖縄県沖縄島／田原）

サキシマアオヘビ

Cyclophiops herminae (Boettger, 1895)

学名の意味：*herminae* ドイツの動物学者 Oskar Boettger の妻 Hermine Boettger への献名

模式産地：琉球諸島（原記載では、「琉球諸島、おそらく八重山の宮古島」とされているが、タイプ標本以外には宮古諸島での標本に基づいた記録はないため、誤りと考えられる）

オス成蛇（沖縄県石垣島／福山亮）

分布：八重山諸島（石垣島、西表島、波照間島、小浜島、黒島、竹富島、鳩間島、嘉弥真島、新城島）。宮古諸島からも記録があるが、誤りと考えられる

全長：50〜85cm

尾長：オスで全長の23%程度、メスで全長の17〜20%程度

鱗の枚数・特徴

頬板：1　　　眼前板：1

眼後板：2　　上唇板：8（ときに7）

下唇板：7　　体鱗列：17（まれに19）

キール：弱い

腹板：155〜168

側稜：なし　　肛板：二分

尾下板：52〜64対

※背側の体鱗のみに短いキールを持つ

特徴・見分け方：背面は灰褐色や灰緑色で、胴部にはところどころに小さな黒斑が見られることが多い。不明瞭な暗褐色の縦条を持つ個体も出現する。幼蛇は頭部から胴の前半部にかけて暗褐色の小斑や明色斑を持つこともある。背面にほとんど模様が入らない点でヤエヤマタカチホとやや似るが、本種の方が大型で体型が太いことや正中に黒い線が入らないこと、尾下板が対になることで明瞭に識別できる。ほかの同所的に生息するヘビで同様の色彩のものはいない

生息環境：低地から山地の森林。耕作地で見つかることもある

オス成蛇腹面（沖縄県石垣島／福山伊）

頭部側面（沖縄県石垣島／福山伊）

体側（沖縄県石垣島／福山伊）

体に模様が目立つ幼蛇（沖縄県石垣島／福山伊）

体色がやや暗い個体（沖縄県石垣島／福山伊）

見つかる場所：主に、夜間に活動中の個体が路上や林床で見つかる
活動時間：夜行性
行動：驚かしても威嚇してくることは少ない
食性：ミミズ
採餌：林床を移動しながら落ち葉の下などのミミズを採餌すると考えられる
繁殖：8月に8〜9個の卵を産む

毒性：なし
保全状況：環境省と沖縄県のレッドリストで準絶滅危惧に選定されている。宮古島市自然環境保全条例保全種に指定されているが、宮古島市には生息しないと考えられる。また、竹富町自然環境保護条例で希少野生動植物種に指定され、希少野生動植物保護区内での捕獲などが禁止されている

第2章 ヘビ図鑑 ｜ ナミヘビ科

夜間に林床で活動する成蛇（沖縄県石垣島／福山亮）

斜面に空いた穴に逃げ込んだ個体（沖縄県石垣島／福山伊）

夜間、沢沿いに現れた個体（沖縄県石垣島／福山伊）

舌を出しあたりをうかがう成蛇（沖縄県西表島／田原）

アカマタ

Lycodon semicarinatus (Cope, 1860)

学名の意味：*semi* "半分" + *carinatus* "隆起のある"
模式産地：Loo Choo（琉球王国）

成蛇（沖縄県沖縄島北部／福山亮）

分布：奄美群島および沖縄諸島のほとんどの島

全長：75〜200cm。オスの方がかなり大きくなる

尾長：全長の20%程度

鱗の枚数・特徴

頬板：1　　　眼前板：1
眼後板：2　　上唇板：8
下唇板：9〜10
体鱗列数：17　キール：弱い
腹板（オス）：214〜234
腹板（メス）：211〜233
側稜：あり　　肛板：単一
尾下板（オス）：96〜108対
尾下板（メス）：90〜100対

※背中側の体鱗7〜9列目の基部に短くて弱いキールを持つ

特徴・見分け方：体には光沢があり、赤みがかった体色に黒のバンド模様が多数入る。似た体色の種にはヒャンやハイがいるが、横向きのバンド模様だけでなく、黒い縦条模様を持つ点がアカマタと異なる

生息環境：森林から人家周辺、耕作地、海岸など、さまざまな環境に生息する

見つかる場所：道路や林道を這って移動している個体や、法面の水抜きパイプ穴で休息している個体などを見る機会が多い。基本的に地表で活動することが多いと思われるが、樹上で見かけることもある

活動時間：夜行性傾向が強いと思われるが、日中にも活動中の個体を目

オス成蛇腹面（沖縄県沖縄島／福山伊）

頭部（沖縄県沖縄島北部／福山亮）

体鱗（沖縄県沖縄島北部／福山亮）

幼蛇（鹿児島県徳之島／福山亮）

成蛇（沖縄県伊是名島／福山亮）

にすることがある

行動：気性が激しく、刺激すると激しく咬みつくほか、臭腺から強い臭気を出す個体が多い

食性：トカゲやヘビ、カメなどの爬虫類を中心に、カエルやイモリといった両生類、鳥類、哺乳類、魚類などを捕食する

採餌：主に徘徊型だが、待ち伏せも行う。夜間に林床などを探索し、カエルなどを捕食したりするほか、海岸で砂を掘ってウミガメの卵を食べるといった行動も知られている

繁殖：6～7月ごろに通常4～8個の卵を産む。大型のメスほど多く産卵する傾向があり、頭胴長110cmを超えるメスがそれぞれ15個と19個の卵を産んだ記録もある

毒性：なし

保全状況：特になし

樹上で待ち伏せする成蛇（沖縄県久米島／福山亮）

虹彩が赤い幼蛇（沖縄県久米島／福山亮）

奄美群島のアカマタ。沖縄諸島のものと比べ、色合いや斑紋の雰囲気がやや異なる（鹿児島県奄美大島／田原）

夜間路上に出てきていた大型のオス成蛇（沖縄県沖縄島北部／福山亮）

法面の水抜きパイプ内で休息する個体（鹿児島県徳之島／福山亮）

アカマダラ

Lycodon rufozonatus rufozonatus Cantor, 1842

学名の意味：*rufus* "赤い" + *zonatus* "帯のある"
模式産地：中国浙江省舟山

オス成蛇（長崎県対馬／福山亮）

分布：[国内] 対馬、尖閣諸島魚釣島 [国外] ロシア・韓国・中国・台湾・タイ・ベトナム・ラオス
全長：60〜125cm程度。メスよりオスが大きくなる
尾長：全長の16〜21％程度
鱗の枚数・特徴
頬板：1　　眼前板：1
眼後板：2　上唇板：8
下唇板：9
体鱗列数：17（まれに19）
キール：あり　腹板：190〜215
側稜：弱い　肛板：単一
尾下板：60〜87対
※胴後半部の体鱗に弱いキールを持つ

特徴・見分け方：体色は鮮やかな赤褐色で背面に黒いバンド模様を持つ。幼蛇ではより色彩が明るい。台湾の個体群は赤の発色が弱いものが多く、黄褐色や黒褐色などがほとんどで、他地域の個体群と印象がかなり異なる。日本では、同所的にはブラーミニメクラヘビ、アオダイショウ、ツシママムシ、シュウダがいるのみなので他種と間違うことはない
生息環境：低地から高山の森林や河

オス成蛇腹面（長崎県対馬／福山伊）

オス頭部側面（長崎県対馬／福山伊）

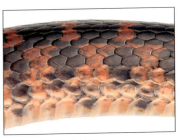

体側（長崎県対馬／福山伊）

背面の体鱗。平滑でキールが入らない（長崎県対馬／福山亮）

台湾産の成蛇。赤みが薄い個体が多い（台湾／田原）

原などに生息し、水田や人家の周辺で見つかることも多い

見つかる場所：夜間に活動中の個体が路上や林床、水田などで見つかる

行動：首をS字状に曲げて威嚇し、咬みついてくる

食性：カエル類やトカゲ類、同種や他種のヘビ類が主であるが、ほかに小型の鳥類や哺乳類も捕食する

採餌：主に徘徊型と考えられる

繁殖：卵生。6〜7月に5〜20個の卵を産む。卵は40〜60日ほどで孵化する。仔蛇は全長20cmほど

毒性：なし

保全状況：環境省と長崎県のレッドリストで準絶滅危惧（NT）に選定されている

体をボール状に丸める防御行動を行う個体（長崎県対馬／福山伊）

夜間に活動していた成蛇（長崎県対馬／福山亮）

column
日本最大のヘビ・最小のヘビ

　日本で最大のヘビとは何だろうか。全長でいえば八重山諸島に分布するヨナグニシュウダとサキシマスジオがともに250cmほど(正式な記録では220cm程度まで)になるとされており、日本では最長といえる。次いで沖縄島で捕獲されたホンハブの242cmがこれに追随し、琉球列島に分布するこの3種が、長さの3トップといえよう。この3種のうち重量でいえば体型の太いヨナグニシュウダが最も重くなり、全長と体重を合わせると日本最大はヨナグニシュウダが該当しそうである。北海道・本州・四国・九州およびその周辺諸島で大きくなる種といえばアオダイショウが挙げられるが、全長200cmを超えることはまれとされる。ただし京都府の冠島の個体群は大型個体が多く、200cmに達する個体も少なくないようである。シマヘビも、通常は大きくても全長150cm程度だが、伊豆諸島の祇苗島(なえじま)の個体群は大型化することで知られ、200cmを超えるものも見られるようで、アオダイショウの大型個体に匹敵する。

　日本のウミヘビでは、これまで最大全長195cmに達するアオマダラウミヘビが最も大きな種とされていたが(マダラウミヘビが全長300cm程度まで達するとする文献もあるが、日本の個体群には分類学的な問題があり、同一種かは不明)、2021年に沖縄島で捕獲されたヨウリンウミヘビは最大全長200cm、重量5kgになる大型種であり、日本のみならず世界的にも最大級のウミヘビだといえる。

　属内の最大種という観点では、奄美群島・沖縄諸島に分布するオオカミヘビ属のアカマタが最大で全長200cmほどになり、現在73種が知られる同属の中で最も大型になる種の1つで、世界最大級のオオカミヘビといえる。ホンハブもハブ属の中では、最も全長が長く、同じく200cmを超える中国のマンシャンハブ *P. mangshanensis* とほぼ同程度であるため世界最大級といえるだろう。ヤマカガシも全長150cmを超えることがあり、ヤマカガシ属の中では最大の種と思われる。

　一方、日本最小のヘビは何だろうか。メクラヘビ科のブラーミニメクラヘビは最大で全長20cm程度であり、かなり小型のヘビといえよう。ただし、本種は外来種であるため、在来種で考えると、宮古諸島に分布するミヤコヒメヘビが全長20cm程度と、ブラーミニメクラヘビと同程度で、この種が日本最小のヘビといえるだろう。北海道・本州・四国・九州およびその周辺諸島では、男女群島の男島のみに分布するダンジョヒバカリが最大全長28cm程度とされ、通常50cmほどになる同種別亜種のヒバカリと比べてもかなり小さく、ヒバカリ属を見渡しても最小級のヘビといえる。

ヨナグニシュウダの大型個体

サキシママダラ

Lycodon rufozonatus walli (Stejneger, 1907)

<u>学名の意味</u>：*walli* Frank Wallへの献名
<u>模式産地</u>：沖縄県石垣島

成蛇（沖縄県石垣島／福山亮）

<u>分布</u>：宮古諸島、八重山諸島
<u>全長</u>：50〜125cm程度。仲の神島では大型の個体がよく知られ、最大140cmに達する
<u>尾長</u>：全長の20〜23％程度
<u>鱗の枚数・特徴</u>

頬板：1	眼前板：1
眼後板：2	上唇板：7〜9
下唇板：10	体鱗列数：17
キール：なし	腹板：164〜197
側稜：弱い	肛板：単一
尾下板：71〜90対	

<u>特徴・見分け方</u>：体色は黄褐色から灰褐色で宮古諸島の個体群は明るい色の個体が多い。背面に暗色のバンド模様を持ち、八重山諸島の個体群では暗く濃い色彩をしているが宮古諸島の個体群では明るくかすれたような色彩のものが多い。サキシマバイカダと模様が似るが、本種はより体型が太く頭部に対して頸部はサキシマバイカダほど明瞭にくびれない
<u>生息環境</u>：低地から山地の森林や草地、サトウキビ畑、水田など
<u>見つかる場所</u>：夜間に活動中の個体が路上や林床、水田などで見つかる。ときおり樹上に登っている個体も見つかる

オス成蛇腹面（沖縄県石垣島／福山伊）

オス成蛇頭部側面（沖縄県石垣島／福山伊）

幼蛇（沖縄県宮古島／福山伊）

バンド模様が少ない成蛇（沖縄県宮古島／福山伊）

バンド模様が多い成蛇（沖縄県与那国島／福山伊）

行動：威嚇してくることはほとんどないが、つかむと咬みついてきたり、臭腺から防御液を分泌したりする場合がある
食性：カエル類やトカゲ類、同種や他種のヘビ類が主であるが、ほかに小型の鳥類や哺乳類も捕食する
採餌：主に徘徊型と考えられる
繁殖：卵生。6〜7月に2〜7個の卵を産む。卵は60日ほどで孵化する。仔蛇は全長20cmほど
毒性：なし
保全状況：宮古島個体群が環境省レッドリストで絶滅の恐れのある地域個体群（LP）に選定されているほか、宮古市の自然環境保全条例によって保全種に指定されている

第2章 ヘビ図鑑 ナミヘビ科

夜間に枝の上で活動していた幼蛇（沖縄県宮古島／福山亮）

手で刺激すると、体を丸め頭部を隠した（沖縄県石垣島／福山伊）

夜間、オオハナサキガエルの繁殖地の付近に現れた個体（沖縄県石垣島／福山伊）

雨の日の夜間、路上で轢かれたサキシマヌマガエルを捕食する個体（沖縄県与那国島／福山伊）

サキシマバイカダ

Lycodon multifasciatus (Maki, 1931)

学名の意味：*multi* "たくさんの" + *fasciata* "縞のある"
模式産地：沖縄県石垣島

メス成蛇（沖縄県西表島／福山伊）

分布：宮古諸島（宮古島、伊良部島、下地島）、八重山諸島（石垣島、西表島）
全長：65〜100cm
尾長：全長の23%程度
鱗の枚数・特徴
頬板：1　　　眼前板：1
眼後板：2　　上唇板：8
下唇板：10
体鱗列数（頸部）：19
体鱗列数（胴の大部分）：17
体鱗列数（胴後方）：15

キール：弱い　　腹板：229〜237
側稜：あり　　　肛板：単一
尾下板：106〜119対
特徴・見分け方：背面は褐色で、明瞭な黒褐色の横縞模様が入る。背面の褐色は宮古諸島の個体群ではしばしば緑がかる。背面に横縞模様が入る点でサキシママダラと似るが、本種の方が小型で体型が細いことや頸部が明瞭にくびれることなどで識別できる

メス成蛇腹面(沖縄県西表島/福山伊)

頭部側面(沖縄県西表島/福山伊)

体側(沖縄県西表島/福山伊)

幼蛇(沖縄県石垣島/福山伊)

体色がやや緑色味がかる成蛇(沖縄県宮古島/福山伊)

生息環境：低地から山地の森林や草地、サトウキビ畑など
見つかる場所：主に、夜間に活動中の個体が樹上や草本上でよく見つかるほか、路上や林床で見つかることもある
活動時間：夜行性
行動：首をS字状に曲げて威嚇し、咬みついてくる
食性：トカゲやヤモリ
採餌：樹上や草本上で寝ているトカゲ類を捕食すると考えられる
繁殖：5〜6月に2〜6個の卵を産む
毒性：なし
保全状況：環境省と沖縄県のレッドリストで準絶滅危惧に選定されている。宮古島市自然環境保全条例保全種に指定されている。また、竹富町自然環境保護条例で希少野生動植物種に指定され、希少野生動植物保護区内での捕獲などが禁止されている

サキシマキノボリトカゲの幼体を捕食する個体（沖縄県石垣島／福山亮）

夜間に樹上で活動する成蛇（沖縄県宮古島／福山亮）

夜間、地表で活動していた個体（沖縄県石垣島／福山伊）

樹上で見つかった個体（沖縄県伊良部島／山本佑治）

シロマダラ

Lycodon orientalis (Hilgendorf, 1880)

学名の意味：*orientalis* "東洋の"
模式産地：東京

メス成蛇（愛媛県／福山亮）

分布：北海道、本州、四国、九州および周辺離島（奥尻島、佐渡島、伊豆大島、隠岐、壱岐、五島列島、下甑島、女島、種子島、屋久島、硫黄島、口永良部島など）
全長：35〜70cm
尾長：全長の17〜23％程度
鱗の枚数・特徴
頬板：1　　　眼前板：なし
眼後板：2　　上唇板：8
下唇板：9〜11
体鱗列数（頸部）：19
体鱗列数（胴の大部分）：17
体鱗列数（胴後方）：15
キール：弱い　　腹板：196〜226
側稜：あり
肛板：二分（まれに単一）
尾下板：68〜77対
※胴後半部の背面の体鱗に弱いキールがある

特徴・見分け方：白からベージュの体色に、黒く明瞭な横縞模様が入る。アオダイショウやニホンマムシ、ヤマカガシの一部の個体も横縞模様を持つが、シロマダラのように明瞭な白黒の縞模様にはならない

メス成蛇腹面(長崎県中通島/福山伊)

頭部(宮崎県/福山亮)

体鱗(宮崎県/福山亮)

幼蛇(和歌山県/福山伊)

オス成蛇(宮崎県/福山亮)

生息環境：低地から山地の森林や河原など
見つかる場所：夜間に活動中の個体が路上や林床で見つかるほか、日中に岩の割れ目やコンクリート壁の水抜きパイプ内などでも見つかる
活動時間：夜行性
行動：首をS字状に曲げて威嚇し、咬みついてくる
食性：主にトカゲやヘビだが、昆虫やタゴガエルの捕食例もある
採餌：夜間に林床などを探索し、寝ているトカゲなどを捕食すると考えられる
繁殖：6〜8月に1〜9個の卵を産む
毒性：なし
保全状況：千葉県のレッドリストで絶滅危惧I類に選定されているほか、いくつかの都道府県では絶滅危惧II類や準絶滅危惧に選定されている

第2章 ヘビ図鑑 | ナミヘビ科

日中、法面のパイプ穴内で休む個体（兵庫県／福山伊）

夜間にシダの上を這っていた個体（京都府／福山亮）

咬蛇姿勢をとり威嚇する成蛇（福岡県／田原）

夜間、林床で活動中の個体（和歌山県／福山伊）

ジムグリ

Euprepiophis conspicillatus (Boie, 1826)

学名の意味：*conspicillatus* "眼鏡"
模式産地：東京

成蛇（北海道／福山伊）

分布：北海道、本州、四国、九州および周辺島嶼（国後島、佐渡島、伊豆大島、隠岐、壱岐、五島列島、種子島、屋久島、口永良部島など）

全長：70〜120cm

尾長：全長の17〜20%程度

鱗の枚数・特徴

頬板：1　　　眼前板：1

眼後板：2　　上唇板：7（ときに8）

下唇板：9〜10

体鱗列数（頭部）：23

体鱗列数（胴の大部分）：21

体鱗列数（胴後方）：17または19

キール：弱い　腹板：200〜227

側稜：弱い　　肛板：二分（まれに単一）

尾下板：60〜76対

※体鱗はほぼ平滑な個体もいる

特徴・見分け方：背面は淡褐色から赤褐色で、小黒斑が散在することが多い。幼体の背面は鮮やかな赤色で明瞭な黒色の横斑が入ることが多い。腹面には四角い黒斑が不規則に並ぶ。ただし、アカジムグリと呼ばれる背面や腹面に黒斑がまったく入らない個体もいる。色彩はヒバカリと似るが、本種はより大型かつ体が太く、頸部に黄色い模様が入らない。ヤマカガシ、シマヘビ、アオダイショウでもやや色彩が似る個体もいるが、本種は頸部にくびれがほとんどなく、基本的に頭部に左右対称に3本の太い黒線が入ることや腹面に四角い黒斑が入ることで見分けられる。また、ヤマカガシは本種と異なり、体鱗に強いキールを持つ

生息環境：低地から高山の森林や耕作地などで、特に山地でよく見つかる

成蛇腹面(愛媛県/福山伊)

頭部側面(福井県/福山伊)

幼蛇(長野県/福山亮)

黒斑の入らないアカジムグリの幼蛇(群馬県/福山亮)

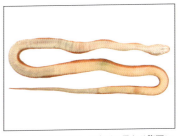
アカジムグリの腹面。通常型と異なり腹面にも模様がない(群馬県/福山伊)

見つかる場所:低温を好み、朝方や夕方に活動中の個体が路上や林床などで見つかるほか、トタン板の下やコンクリート壁の水抜きパイプ内の中などでも見つかる
活動時間:昼行性
行動:つかんでも咬みついてきたりする事は少ない
食性:ネズミやモグラなどの哺乳類
採餌:ネズミやモグラの巣穴に潜り込んで採餌する
繁殖:7〜8月に3〜7個の卵を産む
毒性:なし
保全状況:千葉県のレッドリストで絶滅危惧Ⅰ類に、東京都のレッドリストで絶滅危惧Ⅱ類に選定されているほか、いくつかの都道府県で準絶滅危惧や情報不足などに選定されている

初夏の森林で活動していた成蛇(北海道/福山亮)

林床で活動していた個体(北海道/福山伊)

鮮やかな体色の幼蛇(長野県/福山亮)

黒斑の入らないアカジムグリの成蛇(群馬県/田原)

アオダイショウ

Elaphe climacophora (Boie, 1826)

学名の意味：*climaco* "はしご" + *phora* "を持つ"
模式産地：日本

オス成蛇（新潟県／福山伊）

分布：北海道、本州、四国、九州および周辺島嶼（国後島、奥尻島、佐渡島、伊豆諸島の一部、隠岐、壱岐、対馬、五島列島、甑島列島、大隅諸島など）
全長：110〜210cm
尾長：全長の20〜25%程度
鱗の枚数・特徴
頬板：1　　眼前板：1
眼後板：2〜3（まれに1）
上唇板：8〜9　下唇板：9〜12
体鱗列数（頸部）：23〜27
体鱗列数（胴中央）：23〜25
体鱗列数（胴後方）：19
キール：弱い　腹板：221〜245
側稜：顕著　肛板：二分
尾下板：97〜119対
※眼前下板を1枚持つこともある

特徴・見分け方：背面は灰褐色から緑褐色で、背面から側面に不明瞭な暗色の縦条を4本持つ。幼蛇は体色が明るく、背面から側面に暗褐色の斑紋を持つ。色彩はしばしばシマヘビと似るが、本種は虹彩が赤みがからないことで見分けられる
生息環境：低地から高山の森林や河原などに生息し、人家の周辺で見つかることも多い
見つかる場所：日中に路上などで移動中や日光浴中の個体がよく見つかるほか、樹上やコンクリート壁の水

オス成蛇腹面（北海道／福山伊）

オス成蛇頭部側面（新潟県／福山伊）

成蛇体鱗（京都府／福山亮）

暗褐色の斑紋が入る幼蛇（長野県／福山亮）

まだ幼蛇の模様が残る若い個体（北海道／福山伊）

抜きパイプ内などで見つかることも珍しくない。

活動時間：昼行性。ただし幼蛇は夜間も活動していることがある

行動：個体にもよるが、シマヘビなどと比べるとつかんだ際に咬みついてきたりする事は少ない

食性：主に哺乳類や鳥類

採餌：徘徊型および待ち伏せ型の採餌を行う。樹上の鳥の巣を襲うこともある

繁殖：7～8月に3～17個の卵を産む

毒性：なし

保全状況：多くの都道府県ではレッドリストに未掲載だが、千葉県や東京都などのいくつかのレッドリストで準絶滅危惧に選定されている

岩場で佇むオスの若い個体（福岡県／田原）

薄曇りの日にとぐろを巻いて休息していた成蛇（京都府／福山亮）

昼間、山間の林道で活動していた個体（新潟県／福山伊）

木を登る幼蛇（長野県／福山亮）

シマヘビ

Elaphe quadrivirgata (Boie, 1826)

学名の意味：quadri "4つの" ＋ virgata "縞"
模式産地：日本

メス成蛇（北海道／福山伊）

分布：北海道、本州、四国、九州および周辺島嶼（国後島、佐渡島、伊豆大島、隠岐、壱岐、五島列島、種子島、屋久島、口永良部島など）

全長：80～150cm程度。例外的に伊豆諸島の祇苗島の個体群には2mを超えるものが多数見られる。メスよりオスが大きくなる

尾長：全長の17～23％程度

鱗の枚数・特徴

頬板：1　　　眼前板：1
眼後板：2　　上唇板：8（まれに9）
下唇板：10（まれに9か11）
体鱗列数：19　キール：弱い
腹板：192～217
側稜：明瞭　　肛板：二分

尾下板：70～99

特徴・見分け方：体色は明褐色で背面には明瞭な4本の黒色の縦条を持つ。ただし個体差も大きく、この縦条が非常に薄い個体や、ほぼ消失した個体、または体色が黒化して模様が見えなくなっている個体などが見られる。幼蛇はこの縦条を持たず、明褐色や赤褐色の体色で、頭部や胴の前半部には細かな斑紋を持つ。アオダイショウと混同される場合もあるが、本種は虹彩が赤く、また瞳孔もやや紡錘形である

生息環境：低地から高山の森林や河原などに生息し、水田や人家の周辺で見つかることも多い

メス成蛇腹面(長崎県/福山伊)

メス頭部側面(長崎県/福山伊)

赤みが強い幼蛇(和歌山県/福山伊)

縞模様がない成蛇(和歌山県/福山伊)

カラスヘビといわれる黒化型個体(長崎県/福山伊)

見つかる場所:日中に路上や水田などで移動中や日光浴中の個体がよく見つかるほか、夜間にコンクリート壁の水抜きパイプ内などで見つかることも多い

行動:つかむとすぐに咬みついてくる個体が多い

食性:カエル類やトカゲ類、同種や他種のヘビ類が主であるが、ほかに小型の鳥類や哺乳類も捕食する

採餌:探索型及び待ち伏せ型の採餌を行う

繁殖:卵生。7~8月に3~16個の卵を産む。卵は40~60日ほどで孵化する。仔蛇は全長30~35cmほど

毒性:なし

保全状況:多くの都道府県ではレッドリストに未掲載だが、千葉県レッドリストでは要保護生物(C)に選定されている

昼間、活動中の幼蛇（広島県／福山伊）

石垣から顔を出す成蛇（京都府／福山亮）

発色が鮮やかな成蛇(佐賀県/田原)

日中、田園地帯で活動していた成蛇(長崎県福江島/福山伊)

サキシマスジオ

Elaphe taeniura schmackeri (Boettger 1895)

学名の意味：*taeniura* taenia "ストライプ" + ouros "尾" *schmackeri* 中国在住の生物収集家であった Philipp Bernhard Schmacker への献名
模式産地：宮古島

成蛇（沖縄県西表島／福山亮）

分布：宮古諸島（池間島、大神島、宮古島、伊良部島、下地島、来間島、多良間島）、八重山諸島（石垣島、小浜島、西表島）
全長：150〜250cm
尾長：全長の20%程度
鱗の枚数・特徴
頬板：1　　　　眼前板：1
眼後板：2　　　上唇板：8〜10
下唇板：10〜12
体鱗列数：27（ときに25）
キール：弱い　　腹板：243〜260
側稜：あり　　　肛板：単一
尾下板：104〜125対
※キールがあるのは背中側の体鱗のみ

特徴・見分け方：光沢のある茶色い体色で、尾に黒い筋模様が入るのが特徴。同所的に分布するヘビで、尾に本種のような黒い筋模様を持つ種はいない。沖縄島には亜種であるタイワンスジオが移入分布するが、タイワンスジオが青みかがった舌を持つのに対し、本種は赤みがかった舌を持つ

生息環境：自然度の高い森林から、開けた二次林や灌木林、石灰岩植生や耕作地、民家など、さまざまな環境で見つかる

見つかる場所：路上を這う個体がよく観察される。地表で移動中の個体を目にすることが多いが、木に登る

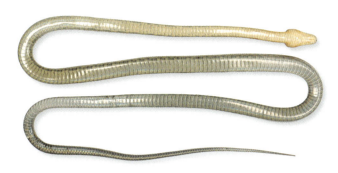

オス成蛇腹面(沖縄県西表島/福山亮)

頭部と舌。舌は赤い(沖縄県西表島/福山亮)

体鱗(沖縄県西表島/福山亮)

幼蛇(沖縄県西表島/福山亮)

若い個体(沖縄県西表島/福山亮)

ことも多く、洞窟で休んでいる個体が見つかることもある

活動時間:昼夜どちらにも活動中の個体を見かける

行動:威嚇したり咬みついてきたりすることもあるが、スジオナメラのほかの亜種と比べるとおとなしい

食性:鳥類や小型哺乳類などを主に捕食するが、幼体がサキシマキノボリトカゲを捕食していた例も知られる

採餌:採餌に関する知見はない

繁殖:6月下旬〜7月中旬には4〜11個程度の卵を産むと考えられている

毒性:なし

保全状況:環境省のレッドリストで絶滅危惧Ⅱ類に選定されている

日中に活動していた大型の成蛇（沖縄県西表島／福山亮）

日中に鍾乳洞内で休んでいた、脱皮前の個体（沖縄県宮古島／福山伊）

サトウキビ畑脇の傾斜面にいた大型の成蛇。捕獲して撮影した（沖縄県宮古島／田原）

雨の降る夜間に活動していた幼蛇（沖縄県西表島／福山亮）

タイワンスジオ

Elaphe taeniura friesi (Werner, 1927)

学名の意味：*friesi* Friesへの献名
模式産地：Takow（台湾・高雄）

オス成蛇（沖縄県沖縄島／田原）

分布：台湾に原産。日本国内では、沖縄中部の一部地域（恩納村、うるま市、沖縄市、北中城村、北谷町、嘉手納町、読谷村、恩納村、金武町、本部半島）に定着していると考えられている
全長：通常は120〜220cm程度。最大で270cm程度になる。メスの方がやや大きい
尾長：全長の20％程度
鱗の枚数・特徴
頬板：1　　**眼前板**：1
眼後板：2　　**上唇板**：9（まれに8か10）
下唇板：10〜13
体鱗列数：23〜25　　**キール**：弱い
腹板：240〜258
側稜：あり　　**肛板**：単一
尾下板：104〜122対
※下唇板数は別亜種のデータも含まれた文献情報から引用
※キールがあるのは背中側の体鱗のみ
特徴・見分け方：光沢のある黄色みがかった体色で、尾に黒い筋模様が入るのが特徴。本種の移入先である沖縄島に分布するヘビで、尾の横側に顕著な黒い筋模様を持つ種はいない。先島諸島に分布するサキシマスジオは似た特徴を持つが、サキシマスジオが赤みを帯びた舌を持つのに対し、本種は青みを帯びた舌を持つ
生息環境：原産地の台湾では森林から家屋近辺まで幅広く生息する

舌を出すメス成蛇。舌は両脇が青く、中央が黒い（沖縄県沖縄島／田原）

メス成蛇腹面（沖縄県沖縄島／田原）

沖縄島中部で捕獲されたメスの大型個体（沖縄県沖縄島／田原）

大きく口を開け姿勢する成蛇。サキシマスジオと比べ気が荒い（台湾／田原）

見つかる場所：路上を這って移動している個体が観察されるほか、建物の屋根裏や壁の隙間などでも見つかっている

活動時間：昼夜ともに活動するが、冬季には昼行性傾向、夏期には薄明薄暮性および夜行性傾向が強くなることが屋外飼育場での観察実験で示唆されている

行動：サキシマスジオに比べ気が荒く、外敵に対しては大きく口を開けて威嚇することが多い

食性：沖縄の個体群はネズミなどの哺乳類をよく捕食し、鳥の卵やヒナも捕食する

採餌：登攀能力が高く、台湾では7mの木に登って巣の中のヒナを捕食した例もある

繁殖：飼育下では4～6月に産卵し、サキシマスジオより小さい卵を5～26個程度と数多く産む

毒性：なし

保全状況：台湾においては保育類Ⅲ類に指定されており、捕獲などが禁じられている。日本国内においては特定外来生物に指定されており、無許可での飼養や生きた個体の放出などが禁止されている

シュウダ

Elaphe carinata carinata (Günther, 1864)

学名の意味：*carinata* "隆起のある"
模式産地：中国

オス成蛇（台湾／田原）

分布：[国内] 尖閣諸島（魚釣島、南小島、北小島、久場島）のみ。[国外] 中国東部、中国南部からベトナム北部にかけてと、台湾およびその周辺島嶼に分布する

全長：150〜240cm

尾長：全長の20〜25%程度

鱗の枚数・特徴

頬板：1　　眼前板：1

眼後板：2　　上唇板：8（ときに7）

下唇板：9〜11

体鱗列数：23（まれに21か25）

キール：強いキールあり

腹板：209〜222　　側稜：あり

肛板：二分する　　尾下板：80〜92対

※腹板と尾下板のデータは尖閣諸島産のもの

特徴・見分け方：体色は地域差が大きく、大陸では黄色から緑味を帯びた黄色、台湾や尖閣諸島ではオリーブ色から黒褐色といった体色になる。鱗の間の皮膚には淡い色と黒い色が不規則に入り、網状の模様になることが多い。幼体は明褐色で、背面に小さな黒斑、もしくは黒帯が並ぶ。同所的に生息する種に似た種はいない。

生息環境：低地から高標高地にかけて、森林から人家の周辺まで、幅広い環境を利用する

見つかる場所：尖閣諸島においては、海岸近くの草地やそれに接する灌木の群落周辺、ガレ場、海鳥の営巣地近辺などで発見されている

活動時間：大陸および台湾の個体群に関しては、日中と夜間どちらにも活動する

行動：刺激すると体の前半部をS字に曲げて、頻繁に咬みつく、噴気音を出す、尾を激しく振るなどの攻撃的な反応を見せる

食性：尖閣諸島ではネズミや海鳥のヒナ、小鳥、トカゲの捕食記録がある。国外ではさまざまなものを捕食

日本で唯一の分布域である尖閣諸島魚釣島で捕獲された成蛇。斑紋や色彩はヨナグニシュウダに近い（魚釣島／勝連盛輝）

腹面。馬祖列島南竿島の個体で、腹板が黒く縁取られる色彩パターンは大陸産の個体と似ている（台湾／游崇瑋）

中国産という情報で輸入された個体。台湾や尖閣諸島の個体群と異なり、体色に黄色が強く発色する（中国産／田原）

馬祖列島南竿島で撮影された成蛇。斑紋や色彩は大陸の個体群とほぼ同様（台湾／游崇瑋）

台湾産の個体が産んだ卵から得られた幼蛇。ヨナグニシュウダによく似ている（台湾産／田原）

するジェネラリストとして知られており、カエルや齧歯類、鳥類およびその卵のほか、クサリヘビ類を含むヘビをよく捕食することも知られている

採餌：尖閣諸島では海鳥の巣を襲ってヒナを食べることもあるほか、国外では木に登って鳥の巣を襲うこともある

繁殖：国外の個体群では6〜12個、まれに15個程度を産卵するとされる

毒性：なし

保全状況：環境省のレッドリストで絶滅危惧IB類、沖縄県レッドリストで情報不足に選定されている。生息地の1つである魚釣島ではヤギの人為的な導入に伴う植生破壊が進んでおり、生息環境や、エサになる海鳥の営巣数が減少していると考えられている

ヨナグニシュウダ

Elaphe carinata yonaguniensis Takara, 1962

学名の意味：*yonaguniensis* 模式産地の与那国島に由来
模式産地：与那国島宮良

メス成蛇（沖縄県与那国島／福山亮）

分布：八重山諸島の与那国島
全長：120〜220cm
尾長：全長の20%程度
鱗の枚数・特徴
頬板：1　　　眼前板：1
眼後板：2　　上唇板：8
下唇板：10　　体鱗列数：25
キール：強いキールあり
腹板：217〜225
側稜：あり　　肛板：二分
尾下板：95〜105対
特徴・見分け方：体色はオリーブ色から茶褐色で、体鱗のキールが非常に目立つ。胴の前半部では鱗の間の皮膚に白色と黒色の模様が不規則に入り、網状の模様になることが多い。幼蛇は背面に小さな黒斑もしくは黒帯が並ぶことが多い。同所的に生息する種に似た種はいない

生息環境：低地から山地の森林を中心に分布し、特に森林と開けた環境（耕作地や集落など）の境界のような場所でよく見られる

見つかる場所：林縁部の道路を横断している個体がよく見つかる。民家の周辺など地元住民による人里近くでの目撃情報も多い

活動時間：昼夜どちらにも活動中の個体を見かける

行動：基亜種よりもおとなしいとさ

メス成蛇腹面（沖縄県与那国島／福山亮）

成蛇の頭部側面（沖縄県与那国島／福山伊）

体鱗。鱗と鱗の間の皮膚には白黒の模様が不規則に入る（沖縄県与那国島／福山亮）

咬蛇姿勢をとり威嚇する大型のオス成蛇（沖縄県与那国島／田原）

昼間、開けた林床でとぐろを巻いていたメスの成蛇。触診すると胃内容物が確認できた（与那国島／田原）

れるが、噴気音を出して威嚇したり、咬みついたりすることも少なくない。捕獲時などに刺激を受けると、臭腺からにおいの強い分泌物を大量に放出する

<u>食性</u>：野外食性として、キシノウエトカゲ、ヒヨドリが報告されており、ネズミや小鳥類も食べるとされている

<u>採餌</u>：徘徊型と考えられる

<u>繁殖</u>：7月ごろに5～11個の卵を産むとされる

<u>毒性</u>：なし

<u>保全状況</u>：環境省のレッドリストで絶滅危惧IB類、沖縄県レッドリストで絶滅危惧Ⅱ類に選定されている

キクザトサワヘビ

Opisthotropis kikuzatoi (Okada et Takara, 1958)

学名の意味：*kikuzatoi* 発見者である喜久里教達への献名
模式産地：沖縄県久米島白瀬川

オス成蛇（沖縄県久米島／福山伊）

分布：沖縄諸島の久米島
全長：54〜63cm
尾長：全長の15〜17%程度
鱗の枚数・特徴
頬板：1　　　眼前板：2
眼後板：2　　上唇板：6（まれに7）
下唇板：7（まれに6）
体鱗列数：15　キール：あり
腹板：179〜197
側稜：なし　　肛板：二分
尾下板：58〜83対
※胴の大部分で平滑だが、胴の後部と尾部では著しいキールを持つ

特徴・見分け方：背面は光沢のある黒褐色や茶褐色で、橙色の小斑が並ぶ。色彩はリュウキュウアオヘビとやや似るが、本種は体色が緑色を帯びないことで明瞭に識別できる。また、リュウキュウアオヘビは本種と異なり、基本的に水中で見つかることはない
生息環境：丘陵地や山地の渓流
見つかる場所：昼夜問わず水中で活動中の個体や石の下にいる個体が見つかっている
活動時間：周日行性
行動：尾部をからめてボール状にする行動が観察されている
食性：主にカニ類
採餌：主に水中でカニ類を探索して

メス成蛇腹面（沖縄県久米島／福山伊）

メス頭部側面（沖縄県久米島／福山伊）

幼蛇（沖縄県久米島／福山伊）

水面に顔を出して呼吸する幼蛇（沖縄県久米島／福山伊）

水中を活動する個体（沖縄県久米島／山本佑治）

捕食すると思われる

繁殖：7月に採集され、10月まで飼育されたメスが卵巣内に発達した卵胞を11個持っていた例が知られる

毒性：なし

保全状況：日本で最も絶滅が危惧されているヘビであり、環境省と沖縄県のレッドリストで絶滅危惧IA類に選定されている。また、国内希少野生動植物種および沖縄県天然記念物に指定され、無許可での捕獲や殺傷などが禁じられている。主な生息地は「宇江城岳キクザトサワヘビ生息地保護区」、「アーラ岳キクザトサワヘビ生息地保護区」として保護されている

ガラスヒバァ

Hebius pryeri (Boulenger, 1887)

学名の意味：*pryeri* 明治時代に横浜に在住し、商人として働く傍ら生物の研究や収集を行ったHenry James Stovin Pryerへの献名

模式産地：Loo Choo Islands（琉球列島）

成蛇（沖縄県沖縄島／福山亮）

分布：奄美群島および沖縄諸島のほとんどの島

全長：65〜130cm

尾長：全長の23〜33%程度

鱗の枚数・特徴

頬板：1　　　　眼前板：1

眼後板：3（まれに2か4）

上唇板：8（まれに7か9）

下唇板：8〜11

体鱗列数：19　キール：あり

腹板：166〜183

側稜：なし　　肛板：二分

尾下板：112〜130対

特徴・見分け方：背面は黒っぽく、胴の前半に白から黄色の横帯が複数並ぶ。色彩や模様には個体変異が大きいが、奄美群島の個体群には黄色みの強いものが多い。頭部には白から黄色のV字型もしくはY字の模様がある。ほかの同所的に生息するヘビで同様の色彩のものはいない

生息環境：平地から山地にかけての、河川や渓流、水田、沼地などの水の多い環境で特によく見られる

見つかる場所：カエルやオタマジャクシがいる池や水路など、水辺の岸際でよく見られる。道路を横断する個体もよく見つかる

活動時間：夜間に見られることが多いが、日中にも活動中の個体や日光浴中と思われる個体が観察されている

行動：刺激すると逃げることも多いが、体を折りたたんで威嚇姿勢をとり、頻繁に咬みつこうとする個体もいる

食性：カエルやオタマジャクシを主に捕食するが、イモリ類の幼生やイ

オス成蛇腹面（伊平屋島／福山伊）

頭部側面（沖縄県沖縄島／福山亮）

口を開けた頭部（鹿児島県徳之島／福山亮）

頭部背面。頭部にはY字状の模様が入る（鹿児島県奄美大島／福山伊）

体鱗（沖縄県沖縄島／福山亮）

ボイモリの卵、クロイワトカゲモドキ、ミナミヤモリ、ヘリグロヒメトカゲ、トカゲ類の卵などの捕食例も知られる

採餌：夜間に徘徊し、カエルなどを捕食するほか、水中や泡巣に頭を突っ込んでオタマジャクシや卵を捕食することもある

繁殖：5月下旬〜8月下旬にかけて2〜6個の卵を産む

毒性：有毒。上顎の奥にデュベルノワ腺を持ち、マウスに対する毒性を持つ。人への重篤な咬傷例は報告されていないものの、咬傷後に1時間以上出血が止まらなくなった事例が報告されているほか、指を咬まれた後に強い腫れが生じたといった事例もある

保全状況：絶滅危惧種などには選定されていない

第2章 ヘビ図鑑 ｜ ナミヘビ科

水に潜り顔を出し、舌で辺りをうかがう成蛇（沖縄県沖縄島／田原）

咬蛇姿勢をとる成蛇（鹿児島県奄美大島／田原）

顔を出して泳ぐ成蛇(沖縄県沖縄島／福山亮)

夜間にリュウキュウカジカガエルを捕食していた若い個体(沖縄県沖縄島／田原)

夕方、湿地に現れた若い個体(沖縄県伊平屋島／福山伊)

ミヤコヒバァ

Hebius concelarus (Malnate, 1963)

学名の意味：不明
模式産地：宮古島

オス成蛇（沖縄県宮古島／田原）

分布：宮古諸島（宮古島、伊良部島）
全長：最大100cm程度
尾長：全長の23〜33%程度
鱗の枚数・特徴
頰板：1　　　眼前板：1
眼後板：3　　上唇板：8
下唇板：9〜10　体鱗列数：19
キール：あり
腹板：157〜169　側稜：なし
肛板：二分　尾下板：94〜102対
特徴・見分け方：体色は黒っぽく、胴の前半に細く白い帯が複数ある。この帯は胴の後半部では白色の小さな斑点になる。ほかのヒバァ類の頸部に見られる白から黄色のV字型もしくはY字の模様は、原則として本種には存在しないが、まれに持つ個体もいる。全身の体鱗に強いキールが目立つ。同所的に生息する種でキールの目立つ種はいない
生息環境：主に森林内に生息し、水場近くで見つかることが多いが、林縁部や草原、水場から離れた環境でも見つかっている
見つかる場所：林内や路上、湿地を這う個体などが観察されやすい
活動時間：夜間の観察例が多いが、日中にも観察されることがある
行動：捕獲時に咬みついたり、威嚇姿勢をとったりすることはあるが、基

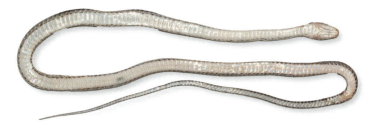

メス成蛇腹面（沖縄県宮古島／福山伊）

標本の頭部側面（沖縄県宮古島／福山伊）

キールが目立つ体側（沖縄県宮古島／福山伊）

夜間、林床で活動していた個体（沖縄県宮古島／福山伊）

ガラスヒバァに見られる首元のY字の模様がない（沖縄県宮古島／福山伊）

本的に性質はおとなしい

食性：カエルやオタマジャクシ、ヤモリの捕食例のほか、飼育下ではメダカを食べた例もある

採餌：夜間に徘徊し、カエルやオタマジャクシなどを捕食すると考えられる

繁殖：5〜6月に直径3〜4cmほどの卵を2〜3個産んだ記録がある

毒性：不明。毒性に関する研究はないが、近縁種のガラスヒバァは上顎の奥にデュベルノワ腺を持ち、マウスに対する毒性を持つ

保全状況：国内希少野生動植物種および宮古島市の自然環境保全条例で保全種に指定され、無許可での採集や殺傷などが禁止されているほか、環境省のレッドリストで絶滅危惧IB類、沖縄県のレッドリストで絶滅危惧II類に選定されている

ヤエヤマヒバァ

Hebius ishigakiensis (Malnate et Munsterman, 1960)

学名の意味：*ishigakiensis* 様式産地の石垣島（ishigaki）に由来
模式産地：石垣島

オス成蛇（沖縄県石垣島／福山伊）

分布：八重山諸島（石垣島、西表島）
全長：最大で100cm以上になる
尾長：全長の26％程度
鱗の枚数・特徴
頬板：1　　　　眼前板：1
眼後板：3　　　上唇板：8
下唇板：10　　　体鱗列数：19
キール：あり
腹板：164〜178　側稜：なし
肛板：二分　　　尾下板：93〜109対
特徴・見分け方：背面は褐色から暗褐色で、胴体に黒く縁取られた黄白色の帯が並ぶ。この帯は体の後半部にいくにつれて斑点に変わる。全身の体鱗にはキールが目立つ。頭部は胴体より明るい色で、目の後ろに黒い縦条がある。頭の後ろの頸部には黄白色のV字型の模様がある。同所的に生息するほかのヘビの頭部にはこのような模様が入らない
生息環境：湿地帯や川沿いなど水の多い環境でよく見られる
見つかる場所：湿地や川沿いを移動しながら採餌している個体をよく見かける。路上を這っている個体なども見つかりやすい

メス成蛇腹面（沖縄県西表島／福山伊）

オス頭部側面（沖縄県石垣島／福山伊）

オス頭部上面（沖縄県石垣島／福山伊）

体鱗（沖縄県石垣島／福山亮）

黄色みの薄い成蛇（沖縄県石垣島／福山伊）

活動時間：夜間に活動中の個体をよく見かけるため、夜行性傾向が強いと思われる

行動：捕獲時に咬みつくことはあるが、基本的に性質はおとなしい

食性：カエル類を主に捕食するが、マダラコオロギ、サキシマカナヘビ、サキシマスベトカゲの捕食記録もある。カエルは成体だけでなく、卵も捕食する

採餌：夜間に水辺を徘徊し、カエルなどを捕食するほか、水中に頭を突っ込んでカエルの卵を捕食することもある

繁殖：胎生で、9〜10月ごろに出産すると考えられ、5、7個体を出産した例と、8個体を流産した例が知られている

毒性：デュベルノワ腺を持つとされるが、毒性は調べられていない

保全状況：特になし

鮮やかな黄色の個体。体色には個体差がある(沖縄県石垣島／福山亮)

オオハナサキガエルの繁殖地に現れた個体。胃内容物からオオハナサキガエルの卵らしきものが見つかった(沖縄県石垣島／福山伊)

夜間の湿地で活動していた成蛇。オオハナサキガエルを食べて腹部が大きく膨らんでいた(沖縄県石垣島／福山亮)

白っぽい体色の成蛇(沖縄県石垣島／福山亮)

ヒバカリ

Hebius vibakari vibakari (Boie, 1826)

学名の意味：*vibakari* ヒバカリ（hibakari）という和名に由来すると思われる
模式産地：長崎県出島（実際の採集地点は異なると考えられる）

オス成蛇（新潟県／福山伊）

分布：本州、四国、九州と、その周辺島嶼（佐渡島、隠岐、壱岐、五島列島、下甑島、屋久島など）
全長：40～58cm
尾長：全長の25%程度
鱗の枚数・特徴
頰板：1　　眼前板：1（まれに2）
眼後板：2～3（まれに4）
上唇板：7（まれに6、ときどき8）
下唇板：8～9（まれに7か10）
体鱗列数：19（後半から17）
キール：あり
腹板：142～153　　側稜：なし
肛板：二分
尾下板（オス）：68～82対
尾下板（メス）：62～78対
特徴・見分け方：体色は赤みがかった茶色から灰褐色。体側上部には白斑が列状に並ぶこともある。口の上部後方から頸部にかけて、淡黄色の帯模様が入る。タカチホヘビやジムグリなど同所的に生息するほかのヘビの頸部にはこのような模様が入らない
生息環境：低地から亜高山帯の森林内や水田、川沿いなど、幅広い環境で見られるが、特に水辺を好む
見つかる場所：湿地を移動しながら採餌している個体や、路上を這っている個体などが見つかりやすい
活動時間：朝や夕方、日没後に活動中の個体が観察されることが多い
行動：捕獲時に咬みつくことはあるが、基本的に性質はおとなしい

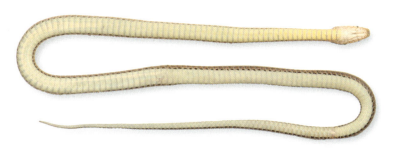

オス成蛇腹面（新潟県／福山伊）

頭部側面（新潟県／福山伊）

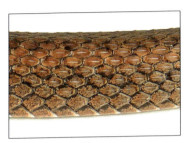

体鱗（京都府／福山亮）

生後1年未満と思われる幼蛇（和歌山県／福山伊）

斑紋が明瞭な個体（和歌山県／田原）

食性：カエル類やオタマジャクシを主に捕食するが、ミミズや魚類、トカゲ、カナヘビなどの捕食記録もある

採餌：夜間に徘徊し、カエルやオタマジャクシなどを捕食するほか、水中に頭を突っ込んでオタマジャクシや魚を捕食することもある

繁殖：5～6月に交尾し、1個体のメスに4～6個体のオスが集結して交尾球を形成していた例も知られる。7～8月に4～10個程度の卵を産む

毒性：無毒とされるが後牙が発達しており、同属のガラスヒバァのように弱毒を持つ可能性もある

保全状況：東京都と大阪府のレッドデータで絶滅危惧Ⅱ類に選定されているほか、複数の県で準絶滅危惧や要注目種に選定されている

第2章 ヘビ図鑑 | ナミヘビ科

渓流沿いに現れた成蛇。撮影者に対して咬蛇姿勢をとろうとしている（福岡県／田原）

舌を出す成蛇。日中に活動していた（京都府／福山亮）

夜間に顔を出して水路を泳ぐ成蛇（京都府／福山亮）

夜間に活動中の成蛇（京都府／福山亮）

体側の斑紋が目立つ個体（和歌山県／福山伊）

ダンジョヒバカリ

Hebius vibakari danjoensis (Toriba, 1986)

学名の意味：*danjoensis* 男女群島に由来
模式産地：男島

成蛇（長崎県男島／江頭幸士郎）

分布：男女群島の男島。寄島には正式な記録がないものの、地元漁師による目撃例があり、分布する可能性が高いとされている

全長：18〜28cm程度

尾長：オスの場合、頭胴長の44〜50%程度。メスの尾長に関しては確実な報告がない

鱗の枚数・特徴

頬板：1　　　眼前板：1（ときに2）

眼後板：2（まれに1）

上唇板：7　　　下唇板：8

体鱗列数：19（後半から17）

キール：あり

腹板（オス）：127〜134

腹板（メス）：130

側稜：なし　　　肛板：二分

尾下板（オス）：88〜89対

※体鱗列数は前半と後半で変わるが、全域で17列の個体もいる
※メスの尾下板数の報告はない

特徴・見分け方：茶色から茶褐色で、全身に黒色または淡色の斑点が列状に並ぶ。男女群島に分布するヘビは本種以外だとシロマダラのみであり、体色などから容易に見分けられる。ヒバカリとの違いとしては、腹板数が少なく尾下板数が多いことや、尾率が高いことが挙げられている

生息環境：森林内に生息する

見つかる場所：林内の岩や枯れ木の

腹面（長崎県男島／江頭幸士郎）

成蛇頭部（長崎県男島／江頭幸士郎）

体鱗（長崎県男島産／福山亮）

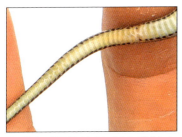

尾の途中で尾下板が左右に分かれず1枚になっている（長崎県男島産／福山亮）

成蛇（長崎県男島／江頭幸士郎）

下、落ち葉の中などで見られることが多いが、落ち葉の上を這っているのが見つかることもある

活動時間：詳細は不明。日中の調査では隠れている個体が主に発見されており、活動中の個体はあまり見られないため、夜行性傾向が強いと推測されている

行動：不明

食性：ミミズを捕食し、飼育下ではオタマジャクシやカエルの幼体も捕食する（なお、男島にはカエルは分布しない）

採餌：不明

繁殖：一腹卵数は1～2個で、長径32mm、短径9mmの卵を7月に産んだ記録がある

毒性：なし

保全状況：環境省のレッドリストで情報不足、長崎県のレッドリストで絶滅危惧Ⅱ類に選定されている。また、生息地の男女群島は国指定の天然記念物に指定されている

ヤマカガシ

Rhabdophis tigrinus (Boie, 1826)

学名の意味：*tigrinus* "虎"
模式産地：長崎県出島（実際の採集地は別地点だと考えられている）

メス成蛇（神奈川県／福山亮）

分布：本州、四国、九州と、その周辺の島々（佐渡島、隠岐、壱岐、五島列島、甑島列島、屋久島、種子島など）
全長：60〜120cm程度。メスの方がかなり大きくなり、全長150cmを超えることもある
尾長：全長の20〜26%程度
鱗の枚数・特徴
頬板：1　　眼前板：2
眼後板：3　上唇板：7
下唇板：9〜10　体鱗列数：19
キール：あり
腹板（オス）：150〜167
腹板（メス）：149〜172
側稜：なし　　肛板：二分する
尾下板（オス）：57〜86対
尾下板（メス）：56〜84対
特徴・見分け方：体色には変異が非常に大きい。赤い体色を持つ個体が典型的だが、地域によっては赤色を持たない個体が大多数を占めることも珍しくない。幼体など、頸部に黄色い帯模様を持つ個体も少なくない。頸部の背側の皮下には頸腺という特殊な器官があり、外見からも判断できる程度に膨らみがある。同所的に生息する種とは、頸腺の存在と、全身の体鱗に強いキールが入る点でおおむね見分けられる。ニホンマムシも全身の体鱗に強いキールが入るが、

オス成蛇腹面（和歌山県／福山伊）

オス成蛇頭部側面（和歌山県／福山伊）

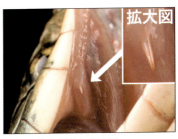

発達した後牙（京都府／福山伊）

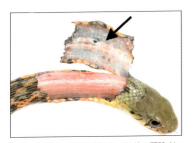

矢印の先が、皮膚下に対になって並ぶ頸腺（和歌山県／福山伊）

成蛇体側（和歌山県／福山伊）

体型や頭部の形が大きく異なる
生息環境：低地から亜高山帯までの森林、河原、水田など、さまざまな環境で見られる
見つかる場所：山に面した田んぼ沿いの畦道や、河原など、近くに山林のある水辺でよく見られる
活動時間：昼行性。産卵に集まるモリアオガエルを狙って夜間に樹上で待ち伏せをすることもある
行動：頸腺にヒキガエル由来の毒を溜めており、それを用いたさまざまな対捕食者行動をとることが知られている。コブラのように首を広げて持ち上げる、胴全体を扁平にする、首をアーチ状に曲げる、曲げた首を押し付けるなどの、頸腺毒の防御効果を高めるような特殊な行動が知られている。また、全身の力を抜いて擬死することもある
食性：基本的にカエル類を捕食するが、オタマジャクシやサンショウ

黒斑が大きく、体の前半部がやや青みがかった個体（長崎県福江島／福山伊）

赤い斑紋が目立つ個体（和歌山県／福山伊）

オ、魚類に加え、トカゲ類などを捕食していた記録もある

採餌：水辺を徘徊し、カエルなどを捕食する。妊娠メスはヒキガエルに強い嗜好性を示すようになり、妊娠期間である5〜6月にかけて、ヒキガエルの多い森林環境で採餌を行う傾向が強くなることが示唆されている

繁殖：交尾は主に10〜11月に行い、春に遅延受精するが、4〜7月ごろにも交尾の報告がある。6〜8月にかけて通常2〜27個ほど産卵する。大型のメスほど多産で、40個以上の卵を持つこともある

毒性：有毒。ヤマカガシは主に捕食用のデュベルノワ腺毒と、防御用の頸腺毒の2種類の毒を持つ。捕食用のデュベルノワ腺毒は、咬傷時に注入

赤みが少なく模様も目立たない大型のメス成蛇（福井県／福山亮）

青色で模様の目立たない成蛇（岡山県／福山亮）

される。上顎の奥にある牙の付け根から毒が浸出し、この牙によって付けられた傷から毒が染み込むことで、体内に毒が注入される。一瞬咬みつかれる程度では毒が入らないことが多いものの、深く咬まれた場合や長時間咬まれた場合には重症化することもあり、これまでに複数の死亡例も報告されている。防御用の頸腺毒は、頸部を棒で叩いたときなどに毒液が飛び散り、目に入ることで、膜充血や角膜混濁を起こすことがある

<u>保全状況</u>：東京都で絶滅危惧Ⅱ類に選定されているほか、各地で準絶滅危惧や要注意種に選定されている。特定動物であり、飼養などが禁止されている

黒色の斑紋が大柄でよく目立つ個体。このような色彩の個体は九州に多い(福岡県/田原)

田園地帯の人家付近に現れた個体(和歌山県/福山伊)

日中、地表で活動していた個体(広島県/福山伊)

撮影者に対して首を曲げ、頭部を強調する動きを見せる成蛇(長崎県/田原)

首を広げて威嚇するメス成蛇(京都府/福山亮)

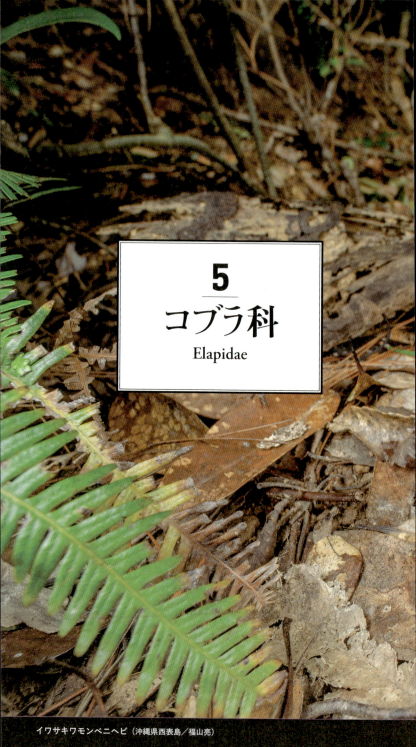

5
コブラ科
Elapidae

イワサキワモンベニヘビ（沖縄県西表島／福山亮）

イワサキワモンベニヘビ

Sinomicrurus iwasakii (Maki, 1935)

学名の意味：*iwasakii* 発見者である岩崎卓爾への献名
模式産地：沖縄県石垣島バンナ岳

メス成蛇（沖縄県西表島／福山伊）

分布：八重山諸島（石垣島、西表島）
全長：30〜89cm
尾長：全長の8〜12%程度
鱗の枚数・特徴
頰板：なし　　　眼前板：1
眼後板：2　　　上唇板：7
下唇板：6　　　体鱗列数：13
キール：なし　　腹板：210〜233
側稜：なし　　　肛板：二分
尾下板：27〜40対
特徴・見分け方：頭部は白色またはクリーム色で黒い横帯が2本入る。背面は赤色や赤褐色で、白く縁取られた黒い環状紋を持つ。同所的に生息するヘビで似た色彩のものはいない
生息環境：低地から山地の照葉樹林などで見つかっている
見つかる場所：基本的に夜間に活動中の個体が林床などで見つかっているが、日中に活動中の個体が見つかることもある
活動時間：夜行性
行動：刺激を受けると、体を上下方向に平たくして不規則に大きく振る、

メス成蛇腹面（沖縄県西表島／福山伊）

頭部（沖縄県西表島／福山亮）

上顎の毒牙（沖縄県西表島／福山伊）

体鱗（沖縄県西表島／福山伊）

巻かれた尾。先端は尖る（沖縄県西表島／福山亮）

頭部を体の下に隠す、周囲のものに素早く咬みつく、尾を巻く、とがった尾の先端で刺すといった行動を行う

食性：ヘビ類
採餌：夜間に林床などを探索し、ヘビ類を捕食すると考えられる
繁殖：知見はまったくない
毒性：有毒。非常に強い神経毒を持つという研究例と毒性は弱いとする研究例があり、詳細は不明
保全状況：環境省のレッドリストで絶滅危惧Ⅱ類に、沖縄県のレッドリストで準絶滅危惧に選定されている。石垣市自然環境保護条例保全種に指定され、石垣市では捕獲などが禁止されている。また、竹富町自然環境保護条例で希少野生動植物種に指定され、希少野生動植物保護区内での捕獲などが禁止されている

本種の典型的な対捕食者行動。体を平たくし、頭を体の下に入れ、尾を巻いている(沖縄県西表島／福山亮)

夜間に活動していた成蛇(沖縄県西表島／福山亮)

深夜に地表で活動していた個体（沖縄県西表島／福山伊）

夜間に林床で活動中の幼蛇（沖縄県西表島／相澤雅弥）

ヒャン

Sinomicrurus japonicus (Günther, 1868)

学名の意味：*japonicus* 模式産地である日本に由来
模式産地：長崎とされるが、誤りと考えられる

メス成蛇（鹿児島県奄美大島／福山亮）

分布：奄美群島（奄美大島・加計呂麻島・請島・与路島・徳之島）
全長：30～60cm
尾長：全長の8～10%程度
鱗の枚数・特徴
頬板：なし　　眼前板：1
眼後板：2　　上唇板：7
下唇板：7　　体鱗列数：13
キール：なし　腹板：191～217
側稜：なし　　肛板：二分
尾下板：26～32対

特徴・見分け方：徳之島以外の個体群と徳之島の個体群で色彩が異なる。徳之島以外の個体群の背面は淡い黄褐色や橙色で、1本（まれに3本または5本）の黒色の縦条と、クリーム色で不明瞭に縁取られた黒い環状紋を持つ。徳之島の個体群の背面は橙色で、5本の黒色の縦条と、クリーム色で縁取られた黒い環状紋を持つ。同所的に生息するヘビで本種のように明瞭な黒色の縦条と環状紋の組み合わせ

オス成蛇腹面（鹿児島県奄美大島／福山伊）

オス成蛇頭部側面（鹿児島県奄美大島／福山伊）

体鱗（鹿児島県奄美大島／福山亮）

尾。先端はとがる（鹿児島県奄美大島／福山亮）

体に3本の縦条が入る個体（鹿児島県奄美大島／上村信）

を持つ種はいない
生息環境：低地から山地の照葉樹林などで見つかっている
見つかる場所：基本的に夜間に活動中の個体が路上や林床などで見つかっているほか、日中に活動中の個体が見つかることもある
活動時間：夜行性
行動：つかむととがった尾の先端で刺す防御行動を行う

食性：トカゲ類および小型のヘビ類
採餌：夜間に林床などを探索し、トカゲやヘビを捕食すると考えられる
繁殖：6月に2〜4個の卵を産む
毒性：有毒。強い神経毒を持つとされる
保全状況：環境省および鹿児島県のレッドリストで準絶滅危惧に選定されている

夜間、地表で活動していた個体(鹿児島県奄美大島/福山伊)

湿った林床を這う成蛇。体色は落葉に紛れてあまり目立たない(鹿児島県奄美大島/福山亮)

かつてハイとされていた徳之島の個体。体色も模様も奄美周辺の個体群とは大きく異なる(鹿児島県徳之島/上村信)

黒色の環状紋がない、特殊な変異個体(鹿児島県奄美大島/仲宗根和弥)

ハイ

Sinomicrurus boettgeri (Fritze, 1894)

学名の意味：*boettgeri* ドイツの動物学者 Oskar Boettger への献名
模式産地：沖縄県沖縄島の "Tokuchimura"

メス成蛇（沖縄県沖縄島／福山伊）

分布：沖縄諸島（沖縄島・伊平屋島・伊江島・渡嘉敷島・渡名喜島・久米島など）
全長：30～60cm
尾長：全長の8～11％程度
鱗の枚数・特徴
頬板：なし　　眼前板：1
眼後板：2　　上唇板：7（まれに8）
下唇板：7　　体鱗列数：13
キール：なし　腹板：163～203
側稜：なし　　肛板：二分
尾下板：27～31対
特徴・見分け方：背面は淡い黄褐色や橙色で、基本的に5本の黒色の縦条と、クリーム色で縁取られた黒い環状紋を持つが、久米島、渡名喜島などの一部の個体群は黒い環状紋を持たない
生息環境：低地から山地の照葉樹林などで見つかっている
見つかる場所：基本的に夜間に活動

メス成蛇腹面（沖縄県沖縄島／福山伊）

頭部（沖縄県沖縄島北部／福山亮）

体鱗（沖縄県沖縄島北部／福山亮）

尾。先端はとがる（沖縄県沖縄島北部／福山亮）

環状紋を持たない幼体（沖縄県久米島／福山伊）

中の個体が路上や林床などで見つかっているほか、日中に活動中の個体が見つかることもある

活動時間：夜行性

行動：刺激を受けると、尾を巻いて持ち上げる、振る、とがった尾の先端で刺すといった行動を行う

食性：トカゲ類および小型のヘビ類

採餌：夜間に林床などを探索し、トカゲやヘビを捕食すると考えられる

繁殖：6月に5個程度の卵を産む

毒性：有毒。ヒャンよりもやや弱い毒を持つともされるが、詳細は不明

保全状況：環境省および沖縄県のレッドリストで準絶滅危惧に選定されている

第2章 ヘビ図鑑 | コブラ科

巻かれた尾。この状態で尾をゆっくり振るという、対捕食者行動が知られている（沖縄県沖縄島北部／福山亮）

頭を体の下に入れ、尾を巻いた対捕食者行動（沖縄県沖縄島／福山亮）

沖縄島南部で捕獲された、環状紋が少ない個体（沖縄県沖縄島／田原）

久米島などで見つかる環状紋を欠く個体。色合いもやや赤みが薄く、淡い黄褐色である個体が多い（沖縄県久米島／田原）

クロガシラウミヘビ

Hydrophis melanocephalus Gray, 1849

学名の意味：*melano* "黒い" + *cephalus* "頭"
模式産地：インド洋、インドのMadras

メス成蛇（沖縄県沖縄島／田原）、協力：沖縄美ら海水族館

分布：[国内] 琉球列島　[国外] 台湾以南のベトナム・フィリピン・インドネシアなどの南シナ海沿岸部

全長：80〜140cm。最大150cmほどで、オスよりメスが大きくなる

尾長：全長の7〜12％程度で、オスの方が尾の比率がやや高い

鱗の枚数・特徴

頬板：0　　　眼前板：1

眼後板：1（まれに2）

上唇板：7〜8（まれに6）

体鱗列数：29〜41

キール：明瞭　腹板：229〜358

側稜：なし　　肛板：4枚程度

尾下板：31〜49

※尾下板は対にならない

特徴・見分け方：体色は黄白色や灰白色で黒色の環紋を持ち、尾先は黒く染まる。頭部が黒く染まる個体が多いが、明色の斑紋を持つ個体も少なくない。体型は頭部から体前半部で細く、後半部でやや太くなる。尾は縦に扁平なオール状で、やや短い。頭部のくびれはほとんどない。マダラウミヘビと比べるとより頭部は小さく体型も細い

生息環境：サンゴ礁が発達した内湾や砂泥質の浅海域

見つかる場所：サンゴの周りやアマモ場のような砂地で餌を探して泳いでいる姿を見る。また海に近い河川などの汽水域でもしばしば見られる

活動時間：昼夜ともに活動する

行動：つかむと口を開け積極的に咬んでくる。遊泳中の個体が人間に対して興味を持ち、近づいてくること

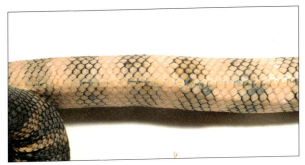

成蛇腹面（沖縄県沖縄島／田原）

体鱗（沖縄県沖縄島／田原）

幼蛇（沖縄県沖縄島／福山亮）

昼間、サンゴ礁で索餌していた成蛇（沖縄県西表島／田原）

海底で休む成蛇（沖縄県沖縄島／藤島幹汰）

がある

食性：アナゴや魚類のウミヘビなどのウナギ型の体型をした魚類

採餌：サンゴの隙間や砂中などに頭を突っ込んで隠れている魚類を捕食する

繁殖：胎生。8〜10月に1〜8匹の仔蛇を産むと考えられている

毒性：有毒。毒牙は非常に小さいが、強い神経毒と筋肉毒を持つ。咬まれると1〜2時間で眼瞼下垂や嚥下障害、呼吸困難などの神経症状のほか、筋肉痛やミオグロビン尿症、横紋筋融解などが生じ、急性腎不全や心不全などで死に至る場合がある

保全状況：絶滅危惧種などには選定されていない

マダラウミヘビ

Hydrophis cyanocinctus Daudin, 1803

学名の意味：*cyano* "藍色の、青の" + *cinctus* "帯に巻かれた"
模式産地：Bengal、Sundarbans

成蛇（インド／Aadit Patel）

分布：[国内] 琉球列島　[国外] ペルシャ湾からアラビア海、ベンガル湾、南シナ海、アラフラ海にかけての海域の沿岸部

全長：130〜175cm。最大275cmとされる。オスよりメスが大きくなる

尾長：全長の7〜9％程度

鱗の枚数・特徴

頬板：0　　　眼前板：1
眼後板：2　　上唇板：7〜8（まれに6）
体鱗列数：35〜47
キール：明瞭　腹板：279〜390
側稜：なし　　肛板：4枚程度
尾下板：37〜57
※尾下板は対にならない

特徴・見分け方：体色は黄白色や灰白色で黒色の環紋を持ち、尾先は黒く染まる。クロガシラウミヘビと異なり頭部は明るい個体が多い。体型は比較的太く、頭部も大きい。尾は縦に扁平なオール状で、やや短い。頭部のくびれはほとんどない。クロガシラウミヘビに似るが、全体的により がっしりしており、頭部は大きい。前側頭板が上下に二分されるのもこの種の特徴とされる。しかし、日本近海の個体群ではクロガシラウミヘビと形態的に識別するのが難しいとされており、分類学的な研究が待たれる。さらに、本種は遺伝的な構造を見ても、複合的な種群であることが示唆されている

生息環境：サンゴ礁が発達した内湾や砂泥質の浅海域

見つかる場所：河口部の砂泥地やアマモ場のような砂地で餌を探して泳

頭部。眼後板の後方に位置する前側頭板が上下2枚に分かれている様子がわかる（インド／Aadit Patel）

漁港で捕獲された、マダラウミヘビの可能性がある個体（沖縄県沖縄島／福山伊）

同所的に採集されたウミヘビ3種。上から、クロガシラウミヘビ、マダラウミヘビの可能性がある個体、クロボシウミヘビ（沖縄県沖縄島／福山伊）

いでいる姿を見る。海外ではマングローブ林のような汽水域などでもよく見られている

活動時間：昼夜ともに活動する

行動：つかむと口を開け積極的に咬んでくる

食性：ハゼ類のほかアナゴなどのウナギ型の体型をした魚類

採餌：砂泥地などで、底層に頭を近づけてにおいを嗅ぎ、隠れている魚類を捕食する

繁殖：胎生。インドでは1月と2月に3〜5匹の仔蛇を飼育下で出産した報告があるほか、マレーシアで1〜4月、スリランカで5月に、妊娠したメスが捕獲されている。日本の個体群についてはよくわかっていない

毒性：有毒。強い神経毒と筋肉毒を持つ。日本では1989年に沖縄県那覇市で、暫定的に本種とされた個体からの咬傷による重症化が知られる。海外においては死亡例も報告されている

保全状況：絶滅危惧種などには選定されていない

クロボシウミヘビ

Hydrophis ornatus maresinensis (Mittleman, 1947)

学名の意味：*ornatus* "華麗な" *mare* "海" ＋ *sinensis* "中国の"
模式産地：沖縄県石垣島

オス成蛇（沖縄県沖縄島／福山亮）

分布：[国内] 沖縄島、石垣島、西表島　[国外] 中国山東省青島からベトナム南部の沿岸部

全長：80〜90cm。最大120cmとされる。メスよりオスが大きくなる

尾長：全長の10〜11％程度

鱗の枚数・特徴

頬板：0　　　眼前板：1
眼後板：2〜3　上唇板：7〜8
体鱗列数：33〜51
キール：明瞭　腹板：209〜278
側稜：なし　肛板：4〜6枚程度
尾下板：39〜45
※尾下板は対にならない

特徴・見分け方：体色はやや黄色みを帯びた灰色または灰青色で黒色の斑紋を持つ。斑紋は腹部まで達しない場合が多い。体型は比較的太く、頭部も大きい。尾は縦に扁平なオール状で、やや長い。頸部のくびれはほとんどない。クロガシラウミヘビやマダラウミヘビとは体型が異なり、全体的にがっしりしており、頭部は大きい。また黒色の斑紋の幅がより広い

生息環境：サンゴ礁や河口部などの砂泥質の浅海域

見つかる場所：河口部の砂泥地やアマモ場のような砂地で餌を探して泳いでいる姿を見る。マングローブ林のような汽水域などでも見られる

活動時間：昼夜ともに活動する

メス成蛇(沖縄県沖縄島／福山亮)

オス成蛇の頭部(沖縄県沖縄島／福山亮)

メス成蛇の体鱗(沖縄県沖縄島／福山亮)

水深約20mの海底を探索する成蛇(沖縄県沖縄島／藤島幹汰)

ハゼの巣穴に顔を突っ込んで採餌する(沖縄県沖縄島／藤島幹汰)

行動：つかむと口を開け積極的に咬んでくる。日本のウミヘビの中で最も攻撃性が高い

食性：ハゼ類のほかヒメジやゴンズイなどのウナギ型魚類以外のさまざまな魚類

採餌：砂泥地などで、低層に頭を近づけてにおいを嗅ぎ、隠れている魚類を捕食する

繁殖：胎生。国内では11月ごろに2～7匹の仔蛇を出産すると考えられている。国外では9～11月に1～16匹の仔蛇を妊娠したメスが捕獲されている。仔蛇の頭胴長は30cmほどと考えられている

毒性：有毒。強い神経毒と筋肉毒を持つ。本種による咬傷例は知られていないが、毒性が強いため咬まれた場合は死に至る危険性がある

保全状況：絶滅危惧種などには選定されていない

セグロウミヘビ

Hydrophis platurus (Linnaeus, 1766)

学名の意味：*platys* "平たい" + *oura* "尾"
模式産地：不明

成蛇標本写真（タイ／田原）

分布：[国内] 琉球列島（漂流や漂着に由来すると思われる個体が、北海道から九州にかけての広い地域から記録されている） [国外] 熱帯域から亜熱帯域の太平洋とインド洋

全長：60〜75cm程度。最大113cmとされる。オスよりメスが大きくなる

尾長：全長の9〜11％程度

鱗の枚数・特徴

頬板：0	眼前板：1〜2
眼後板：2〜3	上唇板：7〜10
下唇板：10〜11	体鱗列数：46〜68
キール：弱い	腹板：264〜406
側稜：なし	肛板：4枚
尾下板：50〜60	

※尾下板は対にならない

特徴・見分け方：背面は黒く、体側の中央部から下は鮮やかな黄色。尾には乳白色から黄色の地色に黒い斑紋が碁石状に配置され、模様には個体差がある。体型は極端に縦に扁平で、頭部は大きく吻端が長く突き出ている。尾は縦に扁平なオール状で、やや長い。頸部のくびれはほとんどない。特徴的な外見をしているため他種と見間違えることはない

生息環境：沿岸部から沖合、および外洋の表層

見つかる場所：稀に漁港などでも観察されるが、主に沖合や沿岸部の流れ藻が集まる潮目などで見つかりやすいとされる

成蛇(沖縄県西表島／矢野維幾)

横顔。突き出た吻部が特徴的である(台湾／游崇瑋)

体鱗とほとんど大きさが変わらない腹板が並ぶ腹面(和歌山県瀬戸臨海実験所所蔵標本／福山伊)

尾部の模様は個体ごとに異なる(和歌山県瀬戸臨海実験所所蔵標本／福山伊)

生きた状態で打ち上げられた成蛇。陸上ではほとんど移動できない(台湾／游崇瑋)

行動：つかむと口を開け積極的に咬んでくる。数千匹の集団を形成する例も観察されている
食性：流れ藻や漂流ごみに集まる小魚
採餌：水面で待ち伏せを行う。水中の獲物の振動を感じ取り、素早く口を開け捕食する
繁殖：胎生。月平均水温が25℃を超える海域では年間を通じて繁殖を行い、6～8ヵ月の妊娠期間を経て、全長22～28cmほどの仔蛇を2～7匹産む
毒性：有毒。強い神経毒と細胞毒を持つ。小型で毒量も少ないが、海外では死亡例もある。咬まれると受傷部位の痛痒や浮腫、変色などのほか、嘔吐や嚥下傷害、呼吸不全などが生じる
保全状況：絶滅危惧種などには選定されていない

ヨウリンウミヘビ

Hydrophis stokesii (Gray, 1846)

学名の意味：*stokesii* Admiral John Stokes への献名
模式産地：オーストラリア

メス成蛇（沖縄県／国営沖縄記念公園（海洋博公園）：沖縄美ら海水族館）

分布：[国内] 沖縄島　[国外] アラビア海からベンガル湾、南シナ海、オーストラリア・ニューギニアにかけての海域の沿岸部

全長：160cm程度。最大200cmとされる。オスよりメスが大きくなる

尾長：全長の9％程度

鱗の枚数・特徴

頬板：0　　　眼前板：1
眼後板：2～3　上唇板：9～11
体鱗列数：46～63
キール：明瞭　腹板：226～286
側稜：なし　　肛板：4～6枚程度
尾下板：37～57

※尾下板は対にならない

特徴・見分け方：体色はやや黄色みを帯びた乳白色や黄白色だが個体差が大きい。背面には暗色のバンド模様や鞍型模様またはスポット状の細かな斑紋が入る。沖縄島で捕獲された個体は全長170cmほどの大きなメス個体で、体色は黄白色で腹部まで達する暗色の大柄なバンド模様を持っていた。体型は比較的太く、頭部も大きい。尾は縦に扁平なオール状で、やや長い。頭部のくびれはほとんどない。本種と同様に暗色のバンド模様を持つクロガシラウミヘビやマダラウミヘビ、クロボシウミヘビとは体型が異なり、全体的によりが

陸に上げられた状態。体重も重く、陸上ではほとんど活動できない（沖縄県／国営沖縄記念公園（海洋博公園）：沖縄美ら海水族館）

頭部（沖縄県／国営沖縄記念公園（海洋博公園）：沖縄美ら海水族館）

和名の由来となった、葉のような形状をした鱗（沖縄県／国営沖縄記念公園（海洋博公園）：沖縄美ら海水族館）

っしりしており、頭部もより大きい。腹板は2枚の葉が重なるような形状をしている

生息環境：サンゴ礁や河口部などの砂泥質の浅海域

見つかる場所：河口部の砂泥地やアマモ場のような砂地、サンゴ礁などさまざまな環境で見られる

活動時間：昼夜ともに活動する

行動：つかむと口を開け積極的に咬んでくる

食性：ハゼ類のほかカサゴやオニオコゼなどの主に底層に生息する魚類

採餌：サンゴの隙間や海底の穴などに隠れている魚を捕食する

繁殖：胎生。沖縄で3月に捕獲されたメス個体の体内には、発達した11個の卵胞が確認された。海外の例では一度に1〜20匹（平均10匹）の仔蛇を産んだ例が知られる

毒性：有毒。強い神経毒と筋肉毒を持つ。ウミヘビ類としては毒牙が長く、最長で6.7mmに達する。本種による死亡例は知られていないが、海外での咬傷例では受傷後に意識喪失や無呼吸状態に陥るなどの重症例が知られる

保全状況：絶滅危惧種などには選定されていない。日本では2021年3月に沖縄島北部で1個体が捕獲されたのが唯一の記録である

イイジマウミヘビ

Emydocephalus ijimae Stejneger, 1898

学名の意味：*ijimae* 飯島魁への献名
模式産地：Riu-Kiu Sea

オス成蛇（沖縄県沖縄島／福山伊）

分布：[国内] 琉球列島　[国外] 台湾

全長：57〜107cm程度。オスよりメスが大きくなる

尾長：全長の11〜14％程度

鱗の枚数・特徴

頬板：0	眼前板：1
眼後板：2	上唇板：3
下唇板：4	体鱗列数：17または19
キール：なし	腹板：136〜145
側稜：なし	肛板：二分
尾下板：20〜30	

※胴中央部以降の腹板に明瞭なキールがある。尾下板は対にならない

特徴・見分け方：体色は象牙色で、縁がギザギザとした暗色の環状紋を持つ。成熟した個体ではこの環状紋がややかすれる。体型は太く、頭部も大きく吻端が丸い。尾は縦に扁平なオール状で、やや長く、先端に1枚大きな鱗を持つ。腹板は比較的幅広い。第2上唇板が極端に大きい。成熟したオスの吻端には棘状の突起が生じる。ウミヘビ属の種と比べて体鱗や腹板が大きく滑らかで、上唇板が極端に少ない。エラブウミヘビ属のように体色が青みがからず、また環状紋の縁がギザギザしている

生息環境：サンゴ礁が発達した内湾

見つかる場所：サンゴや岩の周りなどに産みつけられた魚類の卵を索餌している姿を見る

オス成蛇腹面（沖縄県沖縄島／福山伊）

雌雄の頭部。オスの鼻先には棘状の鱗がある
（沖縄県沖縄島／福山亮）

メス成蛇の体鱗（沖縄県沖縄島／福山亮）

オール状の尾（沖縄県沖縄島／福山亮）

メス成蛇（沖縄県沖縄島／福山亮）

行動：つかんでも咬んでくることはほぼない

食性：スズメダイやハゼなどの卵

採餌：岩やサンゴの表面に産みつけられた魚類の卵をこそぎ取るようにして食べる

繁殖：胎生。6〜8か月の妊娠期間を経て全長26〜34cmほどの仔蛇を1〜4匹（平均2.7匹）産む。沖縄諸島では11〜1月に出産すると考えられている

毒性：有毒。毒腺はあるが毒牙とともに非常に退化的で、ほぼ毒性はないとされる

保全状況：環境省レッドリストで絶滅危惧Ⅱ類（VU）に選定されている

夜間に海底で静止していた幼蛇(沖縄県沖縄島/福山伊)

珊瑚礁を泳ぐ個体(沖縄県沖縄島/藤島幹汰)

体表にコケが生えたメス(沖縄県沖縄島/福山伊)

夜間に浅い海を泳ぐ成蛇(沖縄県沖縄島/福山亮)

エラブウミヘビ

Laticauda semifasciata (Reinwardt, 1839)

学名の意味：*semi* "不完全な" ＋ *fasciata* "縞のある"
模式産地：Moluccas

メス成蛇（沖縄県石垣島／福山亮）

分布：[国内] 大隅諸島以南の琉球列島 [国外] 台湾やフィリピンからインドネシアの小スンダ列島付近まで南北に広く分布している

全長：60〜120cm。最大140cmほどで、オスよりメスが大きくなる

尾長：全長の10〜14％程度で、オスの方が尾の比率が高い

鱗の枚数・特徴

頬板：0		眼前板：1	
眼後板：2		上唇板：7	
下唇板：7		体鱗列数：21または23	
キール：なし		腹板：195〜210	
側稜：なし		肛板：二分	

尾下板（オス）：35〜43対
尾下板（メス）：32〜40対

※胴中央部以降の腹板に明瞭なキールがある

特徴・見分け方：幼蛇は鮮やかな青色で黒色の環状紋を持つが、成長とともに青色は褪色し、黒色の環状紋もやや薄れ、地色との境が曖昧になってくる。尾は縦に扁平なオール状で、本属の中では最も幅広い。環状紋は背面から見ると紡錘形で、側面から見ると腹側ですぼまるのでヒロオウミヘビやアオマダラウミヘビと区別できる。また本種は吻端板が上下に二分される

生息環境：サンゴ礁が発達した内湾や砂泥質の浅海域

見つかる場所：サンゴの周りで餌を探して泳いでいる姿や、陸上の海岸沿いの岩礁の隙間などに隠れている個体が見つかる

活動時間：昼夜ともに活動する

行動：つかんでも咬んでくる個体は少ないが、ときおり積極的に咬みつこうとする個体もいる。

食性：ハゼやスズメダイ、ベラなどの魚類

採餌：サンゴの隙間などに頭を突っ込んで隠れている魚類を捕食する

メス成蛇腹面（沖縄県石垣島／福山伊）

成蛇頭部側面（沖縄県石垣島／福山伊）

成蛇頭部下面（沖縄県石垣島／福山伊）

オール状になった尾部（沖縄県石垣島／福山伊）

幼蛇（沖縄県石垣島／福山伊）

<u>繁殖</u>：卵生。沖縄諸島から八重山諸島では4〜8月、吐噶喇列島以北では10〜12月が繁殖期とされる。メスに対して交尾を行おうと複数のオスが押し寄せる様子が観察される。1〜10個の卵を産み、卵は137〜159日で孵化する。孵化仔の頭胴長は30cmほど

<u>毒性</u>：有毒。神経毒が主。アセチルコリン受容体と結合し神経伝達を阻害する。非常に高い毒性を持つが、本属の神経毒は人のアセチルコリン受容体とは結合が弱く、神経毒作用はそれほど強く発揮しないとされる。本種による咬傷例はほとんどなく、明確な死亡例も知られていない

<u>保全状況</u>：環境省レッドリストで絶滅危惧Ⅱ類（VU）に選定されている。また資源保護のため沖縄県では全長60cm以下の個体の捕獲が禁止されている

呼吸のため海面に浮上しているオス成蛇(沖縄県石垣島／田原)

夜間、上陸していた個体(沖縄県石垣島／福山伊)

昼間、サンゴ礁で索餌していたオス成蛇（沖縄県石垣島／田原）

夜間の海岸で行われる交尾。多数のオスが1匹のメスに絡みついている（沖縄県石垣島／福山亮）

ヒロオウミヘビ

Laticauda laticaudata (Linnaeus, 1758)

学名の意味：*latus* "広い" ＋ *cauda* "尾"
模式産地：Indiis（インド）

オス成蛇（沖縄県石垣島／福山亮）

分布：[国内] 大隅諸島以南の琉球列島　[国外] 台湾以南の亜熱帯域から熱帯域に広く分布し、ベンガル湾東沿岸部やアンダマン諸島から、南シナ海、フィリピン海、アラフラ海、ソロモン海、ニウエにかけての海域の沿岸部

全長：40〜130cm。最大150cmほどで、オスよりメスが大きくなる

尾長：全長の8〜12％程度で、オスの方が尾の比率が高い

鱗の枚数・特徴

頬板：0
眼前板：1
眼後板：2
上唇板：7または8
下唇板：5
体鱗列数：17〜21
キール：なし
腹板：192〜277
側稜：なし
肛板：二分
尾下板（オス）：35〜48対
尾下板（メス）：28〜45対

特徴・見分け方：体色は鮮やかな青色で黒色の環状紋を持ち、成長しても体色の青色や黒色の環状紋はほとんど褪色しない。体型は本属の中では最も細い。尾はエラブウミヘビに比べ幅が狭い。黒色の環状紋が背面から見ると地色の青色の幅よりやや広く、側面から見ると腹側でも環状紋がほぼ同じ幅か下部でやや広がる点でエラブウミヘビと区別される。アオマダラウミヘビと比べるとより青色が鮮やかで、また黒色の環状紋が青色の部分より広い

生息環境：サンゴ礁が発達した内湾や砂泥質の浅海域

見つかる場所：サンゴの周りやアマモ場のような砂地で餌を探して泳いでいる姿や、陸上の海岸沿いの岩礁の隙間などに隠れている個体が見つかる

活動時間：昼夜ともに活動する

行動：つかむと口を開け咬んでくる

オス成蛇腹面(沖縄県石垣島/福山伊)

オス頭部側面(沖縄県石垣島/福山伊)

頭部下面(沖縄県石垣島/福山伊)

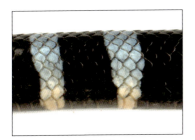

体側(沖縄県石垣島/福山伊)

幼蛇(沖縄県石垣島/福山伊)

個体が多い

食性:アナゴや魚類のウミヘビ、ウツボなどのウナギ型の体型をした魚類

採餌:サンゴの隙間や砂中などに頭を突っ込んで隠れている魚類を捕食する

繁殖:卵生。八重山諸島や沖縄諸島では7〜8月、吐噶喇列島以北では10〜12月が繁殖期とされる。メスに対して交尾を行おうと複数のオスが押し寄せる様子が観察される。1〜6個の卵を産み、卵は190日ほどで孵化する。孵化仔の頭胴長は26〜38cmほど

毒性:有毒。神経毒が主。明確な死亡例は報告されていないが、ウミヘビ獲りの業者が本種に咬まれて亡くなった話が西表島では語られており、高い毒性を持つため、取り扱いには注意が必要である

保全状況:環境省レッドリストで絶滅危惧Ⅱ類(VU)に、鹿児島県のレッドリストで情報不足、沖縄県のレッドリストで準絶滅危惧に選定されている

上顎の毒牙（沖縄県石垣島／福山伊）

夜間、浅瀬に現れた幼蛇（沖縄県石垣島／福山伊）

夜間、繁殖のために岩場に次々と上陸していた成蛇（沖縄県石垣島／田原）

昼間、砂地を遊泳していたオス成蛇（沖縄県石垣島／田原）

アオマダラウミヘビ

Laticauda colubrina (Schneider, 1799)

学名の意味：*colubrina* "ナミヘビのような"
模式産地：不明

オス成蛇（沖縄県西表島／福山亮）

分布：[国内] 宮古諸島および八重山諸島　[国外] 台湾以南の亜熱帯域から熱帯域に広く分布し、ベンガル湾東沿岸部やアンダマン諸島から、南シナ海、フィリピン海、アラフラ海、ソロモン海、トンガにかけての海域の沿岸部

全長：70～165cm。最大195cmほどで、オスよりメスが大きくなる

尾長：全長の8～11％程度で、オスの方が尾の比率が高い

鱗の枚数・特徴

頬板：0
眼前板：1
眼後板：2
上唇板：7
下唇板：8
体鱗列数：19～25
キール：なし
腹板：195～249
側稜：なし
肛板：二分
尾下板（オス）：27～47対
尾下板（メス）：27～38対

特徴・見分け方：体色はややくすんだ青色で黒色の環状紋を持ち、成長すると体色は褪色し黒っぽくなる。若い個体では鼻先が薄い黄色に染まる。ヒロオウミヘビと比べると青色がくすんでおり、黒色の環状紋が青色の部分より狭い。また上唇板が明るい色合いをしている、前額板がヒロオウミヘビでは2枚、本種では3枚などの違いがある

生息環境：サンゴ礁が発達した内湾や砂泥質の浅海域

見つかる場所：サンゴ礁や岩礁の隙間などに隠れている個体が見つかる。同属他種に比べ陸での活動がより活発である

活動時間：昼夜ともに活動する

オス成蛇腹面（沖縄県西表島／福山伊）

成蛇頭部側面（沖縄県西表島／福山伊）

成蛇体側（沖縄県西表島／福山亮）

幼蛇（沖縄県石垣島／福山伊）

陸上の岩場に残されていた脱皮殻（沖縄県西表島／福山伊）

行動：つかんでも咬みつこうとする個体はほとんどいない

食性：アナゴや魚類のウミヘビ、ウツボなどのウナギ型の体型をした魚類

採餌：サンゴの隙間に頭を突っ込んで隠れている魚類を捕食する

繁殖：卵生。八重山諸島では8月に妊娠したメスが多数観察され、メスに対して交尾を行おうと複数のオスが押し寄せる様子が観察される。3〜13個の卵を産み、卵は120〜190日ほどで孵化する。孵化仔の頭胴長は30cmほど

毒性：有毒。神経毒が主。本種による咬傷例はほとんどないが、海外で1例死亡例がある。症状としては眼瞼下垂、かすみ目、痙攣、意識喪失が生じ、最終的には呼吸不全によって死亡したとされる

保全状況：絶滅危惧種などには選定されていない

珊瑚礁を泳ぐ成蛇（沖縄県西表島／田原）

陸上で休む成蛇（沖縄県西表島／田原）

column
ヘビの雌雄

 ヘビは基本的に、雌雄の外見差があまりない動物である。性判別の際には、ポッピングやセックスプローブによってヘミペニスの有無を確認するのが基本になるが、種によってはそれ以外の部分でも雌雄の外見的な差が見られることもある。

 例えばイイジマウミヘビの場合、性成熟したオスの吻端板の中央に棘状の突起が生じるという性差が見られる。海外の種ではテングキノボリヘビのように、色彩と形態の両方に顕著な違いが現れる種も存在する。

 それ以外の外見的な差では、尾の長さが挙げられる。ヘビの場合、概してオスはメスより尾が長い。これは尾の基部にヘミペニスがあることや、交尾の際に尾をメスに巻き付けるうえで長い尾が有利になるといったことが理由だと考えられている。

 ところでヘビの場合、オスとメスのどちらがより大きくなるのだろうか。基本的にはヤマカガシやエラブウミヘビのように、メスの方が大きくなる種が多いとされる。これは、大きなメスの方が、繁殖の際に大きな卵や多くの卵(胎生の場合は胎児)を持つことができ、有利になるためだといわれている。とはいえ、アカマタやホンハブのような、オスの方が大きくなる種も少なからず存在する。オスの体の大きさには、繁殖様式の違いが関係していると考えられている。

 ヘビには大きく分けて、コンバット型と非コンバット型の2つの繁殖様式がある。コンバット型は、オス同士がコンバットダンスで争い、勝者のみがメスと交尾する様式である。大きいオスほど争いに勝利し、より多くのメスと交尾できるため、オスが大きくなる選択圧が働く。

 一方、非コンバット型ではオス同士での争いは起こらず、それぞれのオスがメスを探して交尾を試みる。種によっては複数のオスが1個体のメスに同時に交尾を試みることで、交尾玉が形成されることもある。このような繁殖様式の場合、いかに多くのメスと出会うことができたかが重要になるため、必ずしも大きな体が有利になるわけではない。ヘビの雌雄差から繁殖様式を想像してみるのもおもしろいかもしれない。

雌雄で異なるイイジマウミヘビの頭部形状

集団で交尾するエラブウミヘビ

ニホンマムシ（福岡県／田原）

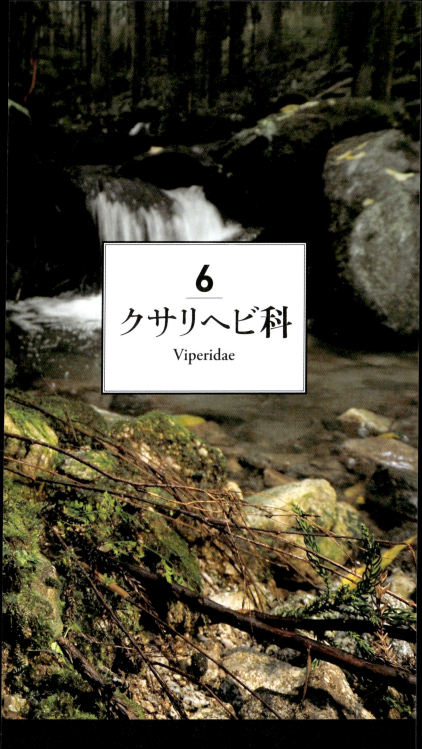

6
クサリヘビ科
Viperidae

サキシマハブ

Protobothrops elegans (Gray, 1849)

学名の意味：*elegans* "優美な"
模式産地：石垣島

褐色型の成蛇（沖縄県西表島／福山亮）

分布：八重山諸島（石垣島、西表島、波照間島、小浜島、黒島、竹富島、鳩間島、嘉弥真島、新城島）、沖縄島南部（移入個体群）

全長：60〜100cm。最大で120cmほど

尾長：全長の17〜20％程度で、オスの方が尾の比率が高い

鱗の枚数・特徴

頬板：1　　　眼前板：2
眼後板：2　　上唇板：7〜8
下唇板：10〜12
体鱗列数：23（まれに25）
キール：明瞭　　腹板：179〜192
側稜：なし
肛板：単一　　尾下板：63〜90対

特徴・見分け方：体色は明るめの灰褐色や黄褐色で、暗褐色の斑紋が背面に多数並ぶ。体色が明るい橙色や赤褐色で、斑紋が小さく薄くなっている個体も見られる。体表には強いキールが目立つ。ホンハブは本種と色彩が異なり、模様もより複雑である。タイワンハブは本種と似るが褐色の斑紋の周りには黄褐色の縁取りが入り、また体型はより細く顔も細長い

生息環境：山間部から低地にかけての森林環境のほか、サトウキビ畑、水田、都市部の公園など人間の生活範囲にも生息する

見つかる場所：夜間に水辺や林床で待ち伏せをする個体や、道路を移動中の個体などが観察されやすい

活動時間：夜行性

メス成蛇腹面(沖縄県西表島／福山伊)

成蛇頭部側面(沖縄県西表島／福山伊)

成蛇体側(沖縄県西表島／福山伊)

淡色型の成蛇(沖縄県西表島／福山亮)

体色が薄く、腹面に模様がない個体(沖縄県西表島／福山伊)

行動：刺激すると体を折りたたんで咬蛇姿勢をとり、頻繁に咬みつこうとする

食性：カエル類やヤモリ、トカゲなどの爬虫類、大型の個体では小型の鳥類や哺乳類も捕食する

採餌：夜間にとぐろを巻いて待ち伏せし、目の前を通りがかった動物に咬みついて毒を注入し、捕食する

繁殖：6〜7月にかけて3〜13個の卵を産む。卵は40〜50日ほどで孵化する。孵化仔は頭胴長17〜24cmほど

毒性：有毒。出血毒が主。体が小さいため毒量はホンハブの半量以下とされる。死亡例は1979年に1例が知られるのみ。咬まれると受傷箇所の腫脹や出血が主で、ごくまれに壊死や受傷箇所の変形など後遺症を残す場合もある。本種が移入された沖縄島ではホンハブとの交雑個体も捕獲されており、中間的な毒性を持つ

保全状況：絶滅危惧種などには選定されていない

ヤエヤマハラブチガエルを捕らえた個体（沖縄県西表島／福山伊）

ヤエヤマヒメアマガエルが繁殖している水たまりで待ち伏せする個体（沖縄県西表島／福山伊）

公園の手すりの上で静止していた個体(沖縄県石垣島/福山伊)

夜間、路上で轢かれていたサキシマヌマガエルを捕食する成蛇(沖縄県西表島/田原)

タイワンハブ

Protobothrops mucrosquamatus (Cantor, 1839)

学名の意味：*mucro* "刃先" ＋ *squamatus* "鱗のある"
模式産地：Naga Hills, Assam, India

オス成蛇（台湾／田原）

分布：[国内] 沖縄島中部・北部（移入） [国外] バングラデシュ・インド・中国・台湾・ミャンマー・ベトナム・ラオス・カンボジア・タイ

全長：50〜100cm。最大で130cmほど

尾長：全長の17〜21％程度で、オスの方が尾の比率が高い

鱗の枚数・特徴

頬板：1　　　　眼前板：2
眼後板：2　　　上唇板：7〜13
下唇板：12〜15
体鱗列数：21・25・27
キール：明瞭　　腹板：179〜225
側稜：なし　　　肛板：単一
尾下板：67〜108対

特徴・見分け方：体色は明るめの灰褐色や黄褐色で、明るい黄褐色の鱗に覆われた暗褐色の斑紋が背面に多数並ぶ。体表には強いキールが目立つ。体型はサキシマハブと似ているがより細い。尾は比較的長い。サキシマハブと似るが、本種は褐色の斑紋の周りには黄褐色の縁取りが入り、また体型はより細く、顔も細長い

生息環境：山間部から低地にかけての森林環境のほか、畑や民家の近くなど人間の生活範囲にも生息する

見つかる場所：夜間に水辺や林床で待ち伏せをする個体や、道路を移動中の個体などが観察されやすい

活動時間：夜行性

行動：刺激すると体を折りたたんで咬蛇姿勢をとり、頻繁に咬みつこうとする

食性：カエル類やヤモリ、トカゲな

オス成蛇腹面（沖縄県沖縄島／福山伊）

成蛇頭部側面（沖縄県沖縄島／福山伊）

成蛇体側（沖縄県沖縄島／福山伊）

夜間、農地に現れ、撮影者に対して咬蛇姿勢をとる幼蛇（沖縄県沖縄島／田原）

夜間、池の周りに現れた個体（沖縄県沖縄島／福山伊）

どの爬虫類、小型の鳥類や哺乳類も捕食する

採餌：夜間にとぐろを巻いて待ち伏せし、目の前を通りがかった動物に咬みついて毒を注入し、捕食する

繁殖：6〜8月にかけて7〜11個の卵を産む。卵は40日ほどで孵化する。孵化仔の頭胴長は17〜24cmほど

毒性：有毒。出血毒が主だが神経毒性も持つ。毒性はやや強く、海外では死亡例も知られる。咬まれると受傷箇所の腫脹や出血、水泡形成、受傷部の壊死が生じる場合もある。またチアノーゼや横紋筋融解症、急性腎不全なども報告されている。沖縄島の中部と北部で帰化し分布域を拡げており、毎年1〜3名程度の咬傷被害が発生している

保全状況：外来生物法で特定外来生物に指定されており、駆除対象である

トカラハブ

Protobothrops tokarensis (Nagai, 1928)

学名の意味：*tokarensis* 模式産地の吐噶喇列島に由来
模式産地：宝島

明色型の成蛇（鹿児島県宝島／福山亮）

分布：宝島、小宝島
全長：100cm。最大で140cmほど
尾長：全長の15〜18％程度で、オスの方が尾の比率が高い

鱗の枚数・特徴
頬板：1　　　眼前板：2
眼後板：2　　上唇板：7〜9
下唇板：12〜16
体鱗列数：31（まれに33）
キール：明瞭　　腹板：199〜210
側稜：なし　　　肛板：単一
尾下板：72〜84対

特徴・見分け方：体色は明るめの灰褐色で、暗褐色の環状や帯状の斑紋が背面に多数並ぶ。体色が暗褐色や赤褐色をした個体も見られ、そうした個体では斑紋は目立たない。体表には強いキールが目立つ。体型はホンハブと似ているが、体のサイズがかなり小型である。尾は比較的長い。本種の分布域にはクサリヘビ科は本種しかいないため見分けるのは容易

生息環境：山間部から低地にかけての森林環境のほか、畑や民家の近くなど人間の生活範囲にも生息する

見つかる場所：夜間に水辺や樹上で待ち伏せをする個体や、道路を移動中の個体などが観察されやすい。鳥の渡りの時期にはよく樹上に登っている

活動時間：夜行性

オス成蛇腹面（鹿児島県宝島／福山伊）

灰褐色の成蛇の頭部側面(鹿児島県宝島／福山伊)

暗褐色の成蛇の頭部側面(鹿児島県宝島／福山伊)

灰褐色の成蛇の体側（鹿児島県宝島／福山伊）

暗色型の成蛇（鹿児島県宝島／福山亮）

行動：刺激すると体を折りたたんで咬蛇姿勢をとり、頻繁に咬みつこうとする

食性：カエル類やヤモリ、カナヘビなどの爬虫類、大型の個体では小型の鳥類や哺乳類も捕食する

採餌：夜間にとぐろを巻いて待ち伏せし、目の前を通りがかった動物に咬みついて毒を注入し、捕食する

繁殖：7〜8月にかけて2〜7個の卵を産む。卵は40〜60日ほどで孵化する

毒性：有毒。出血毒が主。毒量はホンハブの1/5程度とされ、毒性も弱く、死亡例は1例のみとされる。咬まれると受傷箇所の腫脹が主で、そのほか頭痛やめまい、嘔吐、下痢などの全身症状も知られる

保全状況：環境省と鹿児島県のレッドリストで準絶滅危惧（NT）に指定されている

夜間に活動中の明色型成蛇（鹿児島県宝島／福山亮）

暗色型成蛇の頭部。虹色の光沢が見られる（鹿児島県宝島／福山亮）

夜間に枯れ木の上でとぐろを巻く成蛇(鹿児島県宝島／福山亮)

夜間、樹上で待ち伏せる個体(鹿児島県宝島／山本佑治)

ホンハブ

Protobothrops flavoviridis (Hallowell, 1861)

学名の意味：*flavo* "黄色" ＋ *viridis* "緑"
模式産地：Amakarima Island（現在の慶良間諸島）

成蛇（鹿児島県奄美大島／福山亮）

分布：奄美群島および沖縄諸島のほとんどの島

全長：100〜200cm。最大で240cmほど

尾長：全長の14〜18％程度で、オスの方が尾の比率が高い

鱗の枚数・特徴

頬板：1　　　　眼前板：2
眼後板：2　　　上唇板：7〜9
下唇板：15〜17
体鱗列数：23（まれに25）
キール：明瞭　　腹板：216〜239
側稜：なし　　　肛板：単一
尾下板：72〜95対

特徴・見分け方：体色は明るい黄色や黄土色で、暗褐色の斑紋が背面に多数並ぶ。久米島では側面に模様が入らない特異的な個体も見られる。また、どの地域でもときおり黄色色素を欠いた「銀ハブ」と呼ばれる個体が見られる。サキシマハブ、タイワンハブは本種と色彩が異なり、模様も単調である

生息環境：山間部から低地にかけての森林環境のほか、サトウキビ畑、都市部の公園、古い民家の石垣など人間の生活範囲にも生息する

見つかる場所：夜間に水辺や林床で待ち伏せをする個体や、道路を移動中の個体などが観察されやすい。樹上に登っている個体もときおり目撃される

活動時間：夜行性

行動：刺激すると咬蛇姿勢をとり、頻繁に咬みつこうとする

食性：小型の個体ではカエル類やヘビ、ヤモリ、トカゲなどの爬虫類、大型の個体では鳥類、哺乳類が中心と

メス成蛇腹面（沖縄県伊平屋島／福山伊）

頭部。牙は非常に長い（鹿児島県奄美大島／福山亮）

「赤ハブ」と呼ばれる鈍い褐色の個体（鹿児島県徳之島／福山亮）

体の横に模様がない久米島型の幼蛇（沖縄県久米島／福山亮）

体側の模様が細かく不明瞭な個体。渡嘉敷島など慶良間諸島に多い（沖縄県渡嘉敷島／田原）

なる

<u>採餌</u>：夜間にとぐろを巻いて待ち伏せし、目の前を通りがかった動物に咬みついて毒を注入し、捕食する

<u>繁殖</u>：交尾期は3〜6月上旬ごろ。6月下旬〜8月にかけて3〜21個（平均7〜8個）の卵を産む。卵は40〜50日ほどで孵化する。孵化仔は全長30〜40cmほど

<u>毒性</u>：有毒。出血毒が主。毒量が多く、一度の攻撃で乾燥重量として平均22.5mg、最大103mgと多量の毒を注入できる。2004年以降は本種による死亡例はないが、咬まれると受傷箇所の腫脹や出血、ときには壊死を生じるほか、嘔吐・腹痛・下痢・血圧低下・意識障害などの全身症状、受傷箇所の変形など後遺症を残す場合もある。奄美群島個体群は壊死や出血を強く引き起こす成分が多い

<u>保全状況</u>：絶滅危惧種などには選定されていない

第2章 ヘビ図鑑 | クサリヘビ科

樹上で待ち伏せする久米島型の成蛇（沖縄県久米島／福山亮）

黄色色素が欠乏した「銀ハブ」。通常の個体と異なり虹彩も白い（沖縄県沖縄島北部／福山亮）

鮮やかな体色の成蛇(沖縄県沖縄島北部/福山亮)

冬季の夜間に林床でとぐろを巻いていた個体(鹿児島県徳之島/福山伊)

ヒメハブ

Ovophis okinavensis (Boulenger, 1892)

学名の意味：*okinavensis* 模式産地である沖縄島に由来
模式産地：沖縄島

メス成蛇（沖縄県伊是名島／福山亮）

分布：奄美群島および沖縄諸島のほとんどの島

全長：34〜84cm程度

尾長：頭胴長の16〜26％程度で、オスの方が尾の比率が高い

鱗の枚数・特徴

頬板：1　　　　眼前板：2

眼後板：2〜3　　上唇板：7〜8

下唇板：9〜10

体鱗列数：23（まれに21）

キール：明瞭　　腹板：123〜135

側稜：なし　　　肛板：単一

尾下板：38〜55対

特徴・見分け方：体色は明るめの褐色で、暗褐色の大きな斑紋が多数並ぶ。体表には強いキールが目立つ。体型は太短く尾も短い。頸部に比べて頭部の幅が広く、吻端がとがるため、上から見ると三角形の形に見える。同所的に生息するヘビで特徴の似たものはいない。本種と分布が重なるハブ類は、本種と比べて明らかに細長い体型をしている

生息環境：森林環境を好み、開けた草原のような環境ではあまり見られない。渓流沿いや森林近くの水田のような湿地環境でもよく見られる

見つかる場所：夜間に水辺や林床で待ち伏せをする個体や、道路を移動中の個体などが観察されやすい

活動時間：夜行性

行動：刺激すると体を折りたたんで威嚇姿勢をとり、頻繁に咬みつこうとする

食性：カエル類やヘビ、トカゲモドキ、ヤモリ、トカゲ、鳥類、哺乳類など

採餌：夜間にとぐろを巻いて待ち伏せし、目の前を通りがかった動物に咬みついて毒を注入し、捕食する。気

オス成蛇腹面(沖縄県久米島／福山伊)

成蛇頭部側面(沖縄県久米島／福山伊)

体鱗(沖縄県久米島／福山亮)

尾は赤っぽく、白い斑点が入る(沖縄県久米島／福山亮)

若い個体(鹿児島県奄美大島／福山伊)

温が20℃を下回る冬季の寒い時期に、カエルの産卵場所に集まって採餌活動を行うことが知られている

繁殖：交尾期は10月後半～3月上旬ごろと推測されている。8月下旬～9月中旬にかけて、3～14個程度の卵を産む。卵の殻はカルシウム量が少なく、非常に薄いため、内部が透けて見える。産卵後1～4日という非常に短い期間で幼体が孵化する

毒性：有毒。毒性は国内に生息するほかの毒ヘビ類に比べると弱いが、咬まれると強い痛みや強い腫れなどの症状が出る。毒による重症化は知られていないが、ハブ用の血清を投与した際にアナフィラキシーショックが起き、死亡した例もある

保全状況：絶滅危惧種などには選定されていない

雨の日の夜に路上を這っていた、幼体の白変個体（鹿児島県奄美大島／福山伊）

体を平たくする成蛇（鹿児島県奄美大島／福山亮）

夜間、大きなメスの上に小さなオスが寄り添い、交尾を促している様子（沖縄県沖縄島／田原）

夜間、渓流で獲物を待ち伏せていたメス成蛇（沖縄県沖縄島／田原）

ニホンマムシ

Gloydius blomhoffii (Boie, 1826)

学名の意味：*blomhoffi* タイプ標本の採集者である、江戸時代に出島のオランダ商館長を務めた Jan Cock Blomhoff への献名
模式産地：長崎県出島（実際の採集地点は異なると考えられる）

メス成蛇（北海道／福山伊）

分布：北海道から九州にかけてと、その周辺の島々（国後島、天売島、奥尻島、佐渡島、伊豆諸島の一部、隠岐、壱岐、五島列島、下甑島、大隅諸島など）
全長：通常50～60cm程度。最大で78cm程度になる
尾長：オスで全長の14～22％程度、メスで11～18％程度
鱗の枚数・特徴
頬板：2　　　　眼前板：2
眼後板：2（まれに3）
上唇板：7（まれに8）
下唇板：10（まれに11か12）
体鱗列数：21　　キール：明瞭
腹板：137～146　側稜：なし
肛板：単一
尾下板（オス）：47～56対
尾下板（メス）：41～50対

※2枚の頬板のうち、下部の1枚は前窩板とも呼ばれる

特徴・見分け方：体色は暗褐色から茶褐色だが、赤味の強い個体もいる。背面には暗褐色の斑紋が左右交互に並ぶ。体表には強いキールが目立つ。

メス成蛇腹面(北海道／福山伊)

成蛇頭部側面(神奈川県／福山伊)

幼蛇。尾の先端の色彩が目立つ(福岡県／田原)

野外で発見されたアルビノ個体(福岡県／田原)

背面に独立した黒斑が並ぶ色彩変異個体(広島県／福山伊)

体型は太短く、尾も短い。瞳孔は光を受けると縦長の紡錘形になる。同所的に生息するアオダイショウの幼蛇はしばしば本種と間違えられるが、キールが小さく目立たない、体型が細長く尾も長い、瞳孔が丸いといった特徴で見分けることができる。同所的に生息するほかの種とは、顔にピット器官をもち、鼻と目の間に凹みがある点でも見分けられる

生息環境：森林、田畑、河原など、さまざまな環境を利用する。海岸沿いの環境から高山帯まで、生息する標高帯も広い

見つかる場所：夜間に田んぼや湿地で待ち伏せをする個体や、道路を移動中の個体などが観察されやすい。暗い林床で日中とぐろを巻いてじっ

春に冬眠場所の石垣でとぐろを巻くメス成蛇（京都府／福山亮）

日中に林床でとぐろを巻くメス成蛇（京都府／福山亮）

としている姿もしばしば見られる
活動時間：昼夜どちらにも出現する。特に春や秋には気温が高い日中によく出現し、夏の暑い時期には涼しい夜間によく出現する
行動：刺激すると逃げていくことも多いが、尾を激しく振る、体をS字に曲げ、咬みつくなどの威嚇行動を取ることも多い
食性：カエル類やアカハライモリなどの両生類、ネズミやモグラといった哺乳類、トカゲやヘビなどの爬虫類、ドジョウやウナギなどの魚類のほか、ムカデや鳥類も捕食する
採餌：とぐろを巻いて待ち伏せし、目の前を通りがかった動物に咬みつい

夜間、林床にいた斑紋が明瞭な美しいメスの成蛇（佐賀県／田原）

落ち葉の積もった林床で、とぐろを巻いていた個体（北海道／福山伊）

て毒を注入し、捕食する。ネズミを食べる際には咬みついたら一度餌を離し、注入した毒でネズミが死ぬのを待ってから追跡し、捕食する
<u>繁殖</u>：出産期は8〜10月で、2〜9匹の仔蛇を産む
<u>毒性</u>：有毒。近年でも多くの咬傷被害があり、毎年10名前後の死亡者も出ていると考えられている。咬まれた後、すぐに病院で適切な治療を行うことが重要である
<u>保全状況</u>：東京都と千葉県で絶滅危惧I類に選定されているほか、複数の県で準絶滅危惧や要注目種に選定されている

ツシママムシ

Gloydius tsushimaensis (Isogawa, Moriya et Mitsui, 1994)

<u>学名の意味</u>：*tsushimaensis* 生息地の対馬に由来
<u>模式産地</u>：与良内院（長崎県対馬市厳原町）

成蛇（長崎県対馬／福山亮）

<u>分布</u>：長崎県の対馬
<u>全長</u>：最大66cm
<u>尾長</u>：オスで全長の14〜18％程度、メスで12〜14％程度
<u>鱗の枚数・特徴</u>
頬板：2　　眼前板：2
眼後板：2　　上唇板：7（まれに6か8）
下唇板：10（まれに11）
体鱗列数：21　　キール：明瞭
腹板（オス）：140〜151
腹板（メス）：144〜153
側稜：なし　　肛板：単一
尾下板（オス）：44〜50対
尾下板（メス）：38〜45対
※2枚の頬板のうち、下部の1枚は前窩板とも呼ばれる

<u>特徴・見分け方</u>：黒褐色から赤褐色、黄褐色の体色で、背面には楕円形で暗褐色の斑紋が左右2列に並ぶ。体表には強いキールが目立つ。体型は太短く尾も短い。アオダイショウはしばしば本種と間違えられるが、キールが小さく目立たない、体型が細長く尾も長い、瞳孔が丸いといった特徴で見分けることができる。ニホンマムシとの違いとしては、背面の斑紋に黒点がないことや舌の色が異なることなどが知られている
<u>生息環境</u>：川沿いや田んぼ、森林など
<u>見つかる場所</u>：夜間に水辺で待ち伏せをする個体や、道路を移動中の個体などが観察されやすい
<u>活動時間</u>：夜行性

オス成蛇腹面（長崎県対馬／福山伊）

成蛇頭部側面（長崎県対馬／福山伊）

ニホンマムシと異なり、舌は赤みがかる（長崎県対馬／福山伊）

体側に死んだマダニが付着している個体。本種に付着したマダニは6日程度で死亡することが知られる（長崎県対馬／福山伊）

やや赤みがかった個体（長崎県対馬／福山伊）

行動：攻撃性が高く、体を扁平にして威嚇姿勢をとり、頻繁に咬みつこうとする

食性：ネズミ、鳥類、アカガエル類の捕食記録がある

採餌：夜間にとぐろを巻いて待ち伏せし、目の前を通りがかった動物に咬みついて毒を注入し、捕食する

繁殖：9月中旬に野外での交尾の観察記録がある。胎生で、9月に4〜6匹の仔蛇を出産した例がある。ニホンマムシと同様に交尾後の精子がメスの卵管内で長期間生存し、遅延受精をすると推測される

毒性：有毒。2015〜2018年までの間に1件の死亡例もある。血液凝固作用があり、咬傷後に重篤な低フィブリノゲン血症を引き起こすことがある

保全状況：絶滅危惧種などには選定されていない

渓流沿いで待ち伏せする個体（長崎県対馬／福山伊）

夜間の林床でとぐろを巻き待ち伏せする成蛇（長崎県対馬／福山亮）

夜間の渓流で待ち伏せする成蛇（長崎県対馬／福山亮）

column
ヘビの抗毒素血清

　昔から毒ヘビ咬傷の治療薬は「血清」と呼ばれているが、厳密には抗毒素血清という。また、これを使った治療は血清療法という。血液中の液体成分（血清）中には抗体IgG（異物と結合し、その働きを抑える。分子量は約16万）が含まれている。

　抗毒素を治療に使うためには大量に必要なので、ウマを免疫して製造する（図）。薬品で毒作用を抑えたヘビ毒を、ウマでは半年ほどかけて何度も投与し、最後には生毒を投与する。その後採血して抗体を分離精製する。現在ではIgG抗体から抗原の結合に関与しない部分を取り除いたF(ab')₂部分を使っている。

　ヘビ毒には非常に多くの成分が含まれており、咬まれたときにはそれらの相乗効果で複雑な病態を引き起こす。免疫には生のヘビ毒を使っているため、それら多くの成分に対して抗体がつくられる。そのため患者への投与で、それらの成分に結合して体への作用を抑えることができる。抗原抗体反応は特異的なものだが、別種であっても近縁のヘビの毒は成分が似ている場合があり、他のヘビの抗毒素でも、ある程度中和できる場合がある。これを交差中和という。そのため、サキシマハブ咬傷ではハブ抗毒素を使用することもある。

　ちなみにアメリカではF(ab')₂よりもさらに分子量の小さなFab抗毒素も製造されている（分子量は約5万）。こちらは羊を免疫してつくられている。Fab抗体は早く体外へ排泄されるため、局所から遅れて血液中へ移行してきた毒が充分に中和できないことがある。ガラガラヘビは毒量が多く、抗毒素の投与でいったん回復傾向を示すが、時間が経過して局所から血中へ移行してきた毒のためか、症状のリバウンドが起こるという。

　抗毒素は凍結乾燥され、容器の中は真空状態になっている。乾燥状態が充分保たれれば効果が低下せずに長期間保存できる。日本の抗毒素は有効期限が10年と最も長い。他の国では乾燥品であっても5年、液状のものは3年と短い。以前はウマから全採血（すべての血液を採取）を行っていたが、現在では動物愛護の観点から部分採血を行っている。そのため以前と同じ量の抗毒素を生産するには多くのウマが必要になる。ヤマカガシ抗毒素は試験製造のため承認薬ではないので、販売はされていない。国内10箇所の医療機関に配備されており、咬傷事故に対応している。

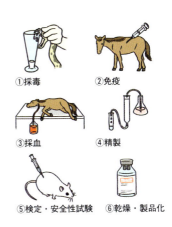

①採毒　②免疫　③採血　④精製　⑤検定・安全性試験　⑥乾燥・製品化

抗毒素製造の流れ（図：きのしたちひろ）

参考文献

1. Asato, H., Sueyoshi, K., Nakagawa, M., Sugawara, R., Kadota, Y., Kawauchi, N., Kobayashi, S., Izawa, M., & Toda, M. (2022). Food habits of the Taiwan beauty snake, *Elaphe taeniura friesi*, as an introduced species on Okinawajima Island. *Current Herpetology*, 41(2), 205-214.
2. Boie. H. (1826). Merkmale einiger japanischer Lurche. Isis, 19 (2), 203–216.
3. Boulenger, G. A. (1892). Descriptions of new Reptiles and Batrachians from the Loo Choo Islands. Journal of Natural History, 10(58), 302-304.
4. Boulenger, G. A. (1893). Catalogue of the Snakes in the British Museum (Natural History). Volume I. Trustees of the British Museum, London.
5. Boulenger, G. A. (1896). Catalogue of the snakes in the British Museum (Natural History). Vol. III. Trustees of the British Museum, London.
6. Burbrink, F. T., Grazziotin, F. G., Pyron, R. A., Cundall, D., Donnellan, S., Irish, F., Keogh, J.S., Kraus, F., Murphy, R.W., Noonan, B., Raxworthy, C.J., Ruane, S., Lemmon, A.R., Lemmon, E.M., & Zaher, H. (2020). Interrogating genomic-scale data for Squamata (lizards, snakes, and amphisbaenians) shows no support for key traditional morphological relationships. *Systematic Biology*, 69(3), 502-520.
7. Das, S., Greenbaum, E., Meiri, S., Bauer, A. M., Burbrink, F. T., Raxworthy, C. J., Weinell, J. L., Brown, R. M., Brecko, J., Pauwels, O. S. G., Rabibisoa, N., Raselimanana, A, P., & Merilä, J. (2023). Ultraconserved elements-based phylogenomic systematics of the snake superfamily Elapoidea, with the description of a new Afro-Asian family. *Molecular Phylogenetics and Evolution*, 180, 107700.
8. Deepak, V., Ruane, S., & Gower, D. J. (2018). A new subfamily of fossorial colubroid snakes from the Western Ghats of peninsular India. *Journal of Natural History*, 52(45-46), 2919-2934.
9. Dowling, H. G. (1951). A proposed standard system of counting ventrals in snakes. *British Journal of Herpetology*, 1, 97–99.
10. Dowling, H. G., & Savage, J. M. (1960). A guide to the snake hemipenis: a survey of basic structure and systematic characteristics. *Zoologica* 45. 17-28.
11. 江頭幸士郎．(2021). 男女群島生物群集保護林におけるダンジョヒバカリの保全状況について．男女群島生物群集保護林調査報告書 資料 3-3. 林野庁九州森林管理局．
12. Figueroa, A., McKelvy, A. D., Grismer, L. L., Bell, C. D., & Lailvaux, S. P. (2016). A species-level phylogeny of extant snakes with description of a new colubrid subfamily and genus. *PLOS One*, 11(9), e0161070.
13. Fujishima, K., Sasai, T., Hibino, Y., & Nishizawa, H. (2021). Morphology, diet, and reproduction of coastal *Hydrophis* sea snakes (Elapidae: Hydrophiinae) at their northern distribution limit. *Zoological science*, 38(5), 405-415.
14. Fukada H. (1986). Delayed fertilization in the *Japanese Mamushi*. *Japanese Journal of Herpetology*, 11(3), 156–157.
15. Fukada, H. (1992). Snake life history in Kyoto. インパクト出版会．
16. Fuke, Y. (2018). *Sinomicrurus japonicus boettgeri* (Hai coral snake). Defensive behavior. *Herpetological Review*, 49(2), 354–355.
17. Fukuyama, I., & Fukuyama, R. (2020). *Sinomicrurus macclellandi iwasakii* Defensive Behavior and Diet. *Herpetological Review*, 51(4), 878–880.
18. Fukuyama, I., & Kodama, T. (2019). *Cyclophiops semicarinatus* (Ryukyu Green Snake) Diet. *Herpetological Review*, 50(2), 391–392
19. 福山伊吹，森哲．(2017). アオダイショウの食性と体サイズの関係に関する文献調査．爬虫両棲類学会報，2017(2), 180-186.
20. Fukuyama, R., & Fukuyama, I. (2021). *Achalinus formosanus chigirai* (Yaeyama Odd-scaled Snake). Defensive Behavior and Diet. *Herpetological Review*, 52(1), 144–145.
21. Fry, B. G., Lumsden, N. G., Wüster, W., Wickramaratna, J. C., Hodgson, W. C., & Kini, R. M. (2003). Isolation of a neurotoxin (α-colubritoxin) from a nonvenomous colubrid: evidence for early origin of venom in snakes. *Journal of Molecular Evolution*, 57, 446-452.
22. Fry, B. G., Vidal, N., Van der Weerd, L., Kochva, E., & Renjifo, C. (2009). Evolution and diversification of the Toxicofera reptile venom system. *Journal of proteomics*, 72(2), 127-136.
23. Gans, C., & Oshima, M. (1952). Adaptations for egg eating in the snake *Elaphe climacophora* (Boie). American Museum of Natural History.
24. Golay, P., Smith, H. M., Broadley, D. G., Dixon, J. R., McCarthy, C., Rage, J. C., Schätti, B., & Toriba, M. (1993). Endoglyphs and other major venomous snakes of the world: A checklist. Azemiops SA Herpetological Data Center.
25. Günther, A. (1858). Catalogue of Colubrine snakes in the Collection of the British Museum. order of the Trustees.
26. Günther, A. (1864). The Reptiles of British India. Taylor and Francis.
27. Guo, P., Zhang, L., Liu, Q., Li, C., Pyron, R. A., Jiang, K., & Burbrink, F. T. (2013). *Lycodon* and *Dinodon*: one genus or two? Evidence from molecular phylogenetics and morphological comparisons. *Molecular Phylogenetics and Evolution*, 68(1), 144-149.
28. Guo, P., Zhu, F., Liu, Q., Zhang, L., Li, J. X., Huang, Y. Y., & Pyron, R. A. (2014). A taxonomic revision of the Asian keelback snakes, genus *Amphiesma* (Serpentes: Colubridae: Natricinae), with description of a new species. *Zootaxa*, 3873(4), 425-440.
29. 浜中京介，森哲，& 森口一一．(2014). 日本産ヘビ類の食性に関する文献調査．爬虫両棲類学会報，2014(2), 167-181.
30. Heatwole, H. (1999). Sea Snakes, Second Edition. University of New South Wales Press.
31. Heatwole, H., Busack, S., & Cogger, H. (2005). Geographic variation in sea kraits of the *Laticauda colubrina* complex (Serpentes: Elapidae: Hydrophiinae: Laticaudini). *Herpetological Monographs*, 19(1), 1-136.
32. Heatwole, H., Grech, A., & Marsh, H. (2017). Paleoclimatology, paleogeography, and the evolution and distribution of sea kraits (Serpentes; Elapidae; *Laticauda*). Herpetological Monographs, 31(1), 1-17.
33. Hedges, S. B., Marion, A. B., Lipp, K. M., Marin, J., & Vidal, N. (2014). A taxonomic framework for typhlopid snakes from the Caribbean and other regions (Reptilia, Squamata). *Caribbean Herpetology*, 49, 1–61.
34. Hoso, M. (2007). Oviposition and hatchling diet of a snail-eating snake *Pareas iwasakii* (Colubridae: Pareatinae). *Current Herpetology*, 26(1), 41-43.
35. Hoso, M., Asami, T. & Hori, M. (2007). Right-handed snakes: convergent evolution of asymmetry for functional specialization. *Biology Letters*, 3(2), 169-172.
36. Hoso, M., & Kakegawa, T. (2018). *Pareas iwasakii* (Iwasaki's Snail-eating Snake). DIET. *Herpetological Review*, 49(4), 760-761.
37. Hutchinson, D. A., Savitzky, A. H., Mori, A., Meinwald, J., & Schroeder, F. C. (2008). Maternal provisioning of sequestered defensive steroids by the Asian snake *Rhabdophis tigrinus*. Chemoecology, 18, 181-190.
38. Hutchinson, D. A., Mori, A., Savitzky, A. H., Burghardt, G. M., Wu, X., Meinwald, J., & Schroeder, F. C. (2007). Dietary sequestration of defensive steroids in nuchal glands of the Asian snake *Rhabdophis tigrinus*. Proceedings of the National Academy of Sciences, 104(7), 2265-2270.
39. Inger, R. F., & Marx, H. (1965). The systematics and evolution of the Oriental colubrid snakes of the genus *Calamaria*. Fieldiana Zoology, 49,
40. 石場ゆり．(2020). 徳之島産リュウキュウアオヘビの飼育下での孵化行動と孵化個体の色彩について．*Akamata* 29, 19–23.
41. Isogawa, K., Moriya, A., & Mitsui, S. (1994). A new species of the genus *Agkistrodon* (Serpentes: Viperidae) from Tsushima Island, Nagasaki Prefecture, Japan. *Japanese Journal of Herpetology*, 15(3), 101-111.
42. Isogawa, K., & Kato, M. (1995). Mating season of the Japanese mamushi, *Agkistrodon blomhoffii blomhoffii* (Viperidae: Crotalinae), in southern Kyushu, Japan: Relation with female ovarian development. *Japanese Journal of Herpetology*, 16(2), 42-48.
43. 岩西修造．(2020). トカラ列島口之島における日本産 *Elaphe* 属ヘビ類（アオダイショウ、シマヘビ）南限個体群の遺伝的多様性および起源の解明を目的とした研究．公益財団法人藤原ナチュラルヒストリー振興財団 研究成果報告書（第 27 回学術研究助成）．
44. 角田羊平, 青柳克, 徳山孟伸, 才木美香, 笹井隆秀, 戸田守, 前之園唯史. (2016). 宮古島および伊良部島における稀少なヘビ2種, ミヤコヒバァとサキシマバイカダの観察例. *Akamata*, 26, 25–30.
45. Kadota, Y., Kidera, N. & Mori, A. (2011). One day to hatch: calcium-poor eggshells and maternal care in *Ovophis okinavensis* (Squamata: Viperidae). *Herpetological Review*, 42(1), 26-29.
46. 甲斐一，福山伊吹, 加山康之介, 福山亮郎. (2018). ヤエヤマヒバァによるカエルの卵の捕食例. *Akamata*, 28, 15-17.
47. Kaito, T., & Toda, M. (2016). The biogeographical history of Asian keelback snakes of the genus *Hebius* (Squamata: Colubridae: Natricinae) in the Ryukyu Archipelago, Japan. *Biological Journal of the Linnean Society*, 118(1), 187-211.
48. Kaito, T., Ota, H., & Toda, M. (2017). The evolutionary history and taxonomic reevaluation of the Japanese coral snake, *Sinomicrurus japonicus* (Serpentes, Elapidae), endemic to the Ryukyu Archipelago, Japan, by use of molecular and morphological analyses. *Journal of Zoological Systematics and Evolutionary Research*, 55(2), 156-166.

49. 亀田和成 . (2010).サキシマアオヘビの飼育下での産卵 . *Akamata*, 21, 9–10.
50. 環境省（編）. (2014).レッドデータブック 2014 －日本の絶滅のおそれのある野生生物－ 3 爬虫類・両生類 . ぎょうせい .
51. Keogh, J. S. (1998). Molecular phylogeny of elapid snakes and a consideration of their biogeographic history. *Biological Journal of the Linnean Society*, 63(2), 177-203.
52. 木場一夫 . (1962). 奄美群島及びトカラ群島産ハブ属に関する研究 . 日本学術振興会 .
53. 木寺法子 , 太田英利 . (2006). 琉球列島産ヒバカリ属 2 種の飼育下での出産・産卵. *Akamata*, 17, 9-12.
54. Kidera, N., Uyeno, D., & Naruse, T. (2015). Notes on the occurrence and habitat of *Hydrophis ornatus* (Gray, 1842)(Reptilia: Squamata: Elapidae) in the Ryukyu Islands, Japan. *Fauna Ryukyuana*, 20, 7–13.
55. 菊山章 . (2019). 沖縄県立博物館・美術館における両生類および陸生爬虫類の標本資料の収蔵状況 . 沖縄県立博物館・美術館 , 博物館紀要 , 12, 7-14.
56. Klein, C. G., Pisani, D., Field, D. J., Lakin, R., Wills, M. A., & Longrich, N. R. (2021). Evolution and dispersal of snakes across the Cretaceous-Paleogene mass extinction. *Nature Communications*, 12(1), 5335.
57. 向高世 . 楊懿如 . 李鵬翔 . (2009). 台灣兩棲爬行類圖鑑（全新美åŒéŒ‰ï¼‰. 貓頭鷹 .
58. Kodama T. (2020) *Gloydius tsushimaensis* (Tsushima Island Pit Viper). Scavenging. *Herpetological Review*, 51(2). 351-352.
59. Kodama T. (2020) *Gloydius tsushimaensis* (Tsushima Island Pit Viper). Reproduction / mating. *Herpetological Review*, 51(2):351-352.
60. Kodama, T., Takahashi, M., & Mori, A. (2021). Host resistance to ticks (Acari: Ixodidae) in a pit viper, *Gloydius tsushimaensis*, (Reptilia: Squamata: Viperidae) observed in the field. *International Journal of Acarology*, 47(7), 643-645.
61. Lillywhite, H. B. (2014). How snakes work: Structure, function and behavior of the world's snakes. Oxford University Press.
62. 前之園唯史 , 戸田守 . (2007). 琉球列島における両生類および陸生爬虫類の分布 . *Akamata*, 18, 28-46.
63. Maki, M. (1931). A Monograph of the Snakes of Japan. Daiichi-Shobo.
64. 牧茂市郎 . (1933). 原色版 日本蛇類圖説 . 第一書房 .
65. Maki, M. (1937). A new subspecies, *Amblycephalus formosensis iwasakii*, belonging to Amblycephalidae from Ishigaki-jima. 臺灣博物學會會報 , 27, 217-218.
66. Malhotra, A., & Thorpe, R. S. (2004). A phylogeny of four mitochondrial gene regions suggests a revised taxonomy for Asian pitvipers (*Trimeresurus* and *Ovophis*). *Molecular Phylogenetics and Evolution*, 32(1), 83-100.
67. Malnate, E. V. (1960). Systematic division and evolution of the colubrid snake genus *Natrix*, with comments on the subfamily Natricinae. *Proceedings of the Academy of Natural Sciences of Philadelphia*, 112, 41-71.
68. Malnate, E. V. (1962). The relationships of five species of the Asiatic natricine snake genus *Amphiesma*. *Proceedings of the Academy of Natural Sciences of Philadelphia*, 114(8), 251-299.
69. Masunaga, G., Matsuura, R., Yoshino, T., & Ota, H. (2003). Reproductive biology of the viviparous sea snake *Emydocephalus ijimae* (Reptilia: Elapidae: Hydrophiinae) under a seasonal environment in the Northern Hemisphere. *Herpetological Journal*, 13(3), 113-119.
70. Masunaga, G., & Ota, H. (2003). Growth and reproduction of the sea snake, *Emydocephalus ijimae*, in the Central Ryukyus, Japan: a mark and recapture study. *Zoological Science*, 20(4), 461-470.
71. Matsumoto, K., & Mori, A. (2021). Adaptive foraging strategy of an insular snake (*Lycodon semicarinatus*, Colubridae) feeding on patchily distributed nests of sea turtles. *Behaviour*, 158(10), 869-899.
72. 松本剛 , 木村政昭 , 仲村明子 , 青木美澄 . (1996). 琉球弧のトカラギャップおよびケラマギャップにおける精密地形形態 . 地学雑誌 , 105(3), 286-296.
73. Miralles, A., Marin, J., Markus, D., Herrel, A., Hedges, S. B., & Vidal, N. (2018). Molecular evidence for the paraphyly of Scolecophidia and its evolutionary implications. *Journal of Evolutionary Biology*, 31(12), 1782-1793.
74. 三島章義 . (1966). ハブに関する研究：I. 奄美群島産ハブの食性について . 衛生動物 , 17(1), 1-21.
75. Mizuno, T., & Kojima, Y. (2015). A blindsnake that decapitates its termite prey. *Journal of Zoology*, 297(3), 220-224.
76. Mori, A. (1992). Lying in ambush for nocturnal frogs: field observations on the feeding behaviour of three colubrid snakes, *Elaphe quadrivirgata*, *Elaphe climacophora*, and *Rhabdophis tigrinus*. *Japanese Journal of Herpetology* (14), 107-115.
77. Mori, A., Layne, D., & Burghardt, G. M. (1996). Description and preliminary analysis of antipredator behavior of *Rhabdophis tigrinus tigrinus*, a colubrid snake with nuchal glands. *Japanese Journal of Herpetology*, 16(3), 94-107.
78. Mori, A. & Nakachi, A. (1994). Laboratory observations on the daily activity of the endangered stream snake, *Opisthotropis kikuzatoi* (Reptilia, Squamata, Colubridae) from Kumejima Island, Japan. *Island Studies Okinawa*, 12, 25–35.
79. Mori, A., & Toda, M. (2011). Feeding characteristics of a Japanese pitviper, *Ovophis okinavensis*, on Okinawa Island: seasonally biased but ontogenetically stable exploitation on small frogs. *Current Herpetology*, 30(1), 41-52.
80. Mori, A., Toda, M., & Ota, H. (2002). Winter activity of the Hime-Habu (*Ovophis okinavensis*) in the humid subtropics: Foraging on breeding anurans at low temperatures. In G. W. Schuett, M. Höggren, M. E. Douglas & H. W. Greene (Eds.), Biology of the Vipers. (pp. 329-344). Eagle Mountain Publishing LC.
81. Mori, A. (2021). Ecological traits of a common Japanese pit viper, the Mamushi (*Gloydius blomhoffii*), in Kyoto, with a brief geographic comparison. *Current Herpetology*, 40(1), 92-102.
82. Mori, A. & Moriguchi, H. (1988). Food habits of the snakes in Japan: A critical review. *The Snake*, 20, 98-113.
83. Mori, A., Ota, H. & Kamezaki, N. (1999). Foraging on sea turtle nesting beaches: flexible foraging tactics by *Dinodon semicarinatum* (Serpentes: Colubridae). In Ota, H. (Eds.), Tropical island herpetofauna: Origin, current diversity, and conservation. (pp. 99-128). Elsevier.
84. Mori, A., & Toriba, M. (1997). Observations of agonistic behavior between males of *Elaphe quadrivirgata*: Confirmation of male combat. *Japanese Journal of Herpetology*, 17(1), 11-15.
85. Mutoh, A. (1983). Death-feigning behavior of the Japanese colubrid snake *Rhabdophis tigrinus*. *Herpetologica*, 39, 78-80.
86. 仲地明 , (1993). サキシマスジオとシロマダラスジオの卵殻と卵サイズ , *Akamata*, 9, 17-20.
87. Nakachi, A. (1995). Seasonal activity pattern of the colubrid snake, *Cyclophiops semicarinatus*, on Okinawajima Island, Ryukyu Archipelago, Japan. *Japanese Journal of Herpetology*, 16(1), 1-6.
88. 仲地明 , 森哲 . (1993). 沖縄島産アマミタカチホヘビの産卵 . *Akamata*, 9, 13–14.
89. 中村健児 , & 上野俊一 . (1963). 原色日本両生爬虫類図鑑 . 保育社 .
90. 中村泰之 , 比嘉祐成 , 佐々木健志 . (2025). ミヤコヒメヘビの来間島と下地島（宮古諸島）からの新記録，および宮古諸島での調査における本種の出現状況 . *Fauna Ryukyuana*, 71: 1–5.
91. 日本爬虫両棲類学会（編）. (2021), 新 日本両生爬虫類図鑑 , サンライズ出版 .
92. Nishimura, M. (1991). Frequencies of prey items of Habu, Trimeresurus flavoviridis (Viperidae), in the Okinawa Islands 1. *Snake*, 23, 81-83.
93. 岡田弥一郎 , 高良鉄夫 . (1958). 琉球産アオヘビの一新種 . 日本生物地理学会会報 , 20(3), 1–3.
94. 岡本康治 . (2022). 西表島産サキシマハイイロゲンゴロウの産卵と孵化 . *Akamata*, 31, 23–27.
95. 沖縄県教育委員会（編）, (1993). 沖縄県天然記念物調査シリーズ 第 33 集キクザトサワヘビ生息実態調査報告書 . 沖縄県教育委員会 .
96. 沖縄県環境部自然保護課（編）. (2017). 改訂・沖縄県の絶滅のおそれのある野生生物－レッドデータおきなわ－第 3 版（動物編）. 沖縄県環境部自然保護課 .
97. 大野正男 . (1987). 日本のタカチホヘビ . 日本の生物 1, 49–80.
98. 大野正男 . (1987). シロマダラに関する知見総説 . 日本の生物 , 3(8), 52-60
99. O'Shea, M. (2023). Snakes of the World: A Guide to Every Family. Princeton University Press.
100. 大島正満 . (1944). 大東亜共榮圈毒蛇解説 . 北隆館 .
101. 太田英利 . (1982). ミヤラヒメヘビ (*Calamaria pavimentata miyarai*) の死体拾得の報告、およびタイワンヒメヘビ (*Calamaria pavimentata formosiana*)、ヒメヘビ (*Calamaria pfefferi*) との比較 . *The Snake*, 14, 40-43.
102. Ota, H. (1998). Geographic patterns of endemism and speciation in amphibians and reptiles of the Ryukyu Archipelago, Japan, with special reference to their paleogeographical implications. *Researches on Population Ecology*, 40, 189–204.

103. Ota, H. (2004). Field observations on a highly endangered snake, *Opisthotropis kikuzatoi* (Squamata: Colubridae), endemic to Kumejima Island, Japan. Current herpetology, 23(2), 77–80.
104. Ota, H., Hikida, T., Matsui, M., Mori, A., & Wynn, A. H. (1991). Morphological variation, karyotype and reproduction of the parthenogenetic blind snake, *Ramphotyphlops braminus*, from the insular region of East Asia and Saipan. *Amphibia-Reptilia*, 12(2), 181-193.
105. Ota, H., Ito, A., & Lin, J. T. (1999). Systematic review of the elapid snakes allied to *Hemibungarus japonicus* (Günther, 1868) in the East Asian islands, with description of a new subspecies from the Central Ryukyus. *Journal of Herpetology*, 33(3), 675-687.
106. 太田英利, 岩永節子. (1996). 野外でハイ（有鱗目コブラ科）のコンバットダンスを観察. *Akamata*, 13, 13–14.
107. Ota, H., & Iwanaga, S. (1997). A systematic review of the snakes allied to *Amphiesma pryeri* (Boulenger) (Squamata: Colubridae) in the Ryukyu Archipelago, Japan. *Zoological Journal of the Linnean Society*, 121(3), 339-360.
108. Ota, H., Sakaguchi, N., Ikehara, S., & Hikida, T. (1993). The herpetofauna of the Senkaku group, Ryukyu Archipelago. *Pacific Science*, 47(3), 248-255.
109. 太田英利・外間康洋. (1996). 与那国島で固有亜種ミヤラヒメヘビの生体を発見. *Akamata*, 13, 10-12.
110. Ota, H., & Toyama, M. (1989). Taxonomic re-evaluation of *Achalinus formosanus* Boulenger (Xenoderminae: Colubridae: Ophidia), with description of a new subspecies. Copeia, 1989(3), 597-602.
111. Ota, H., Shiroma, M., & Hikida, T. (1996). Geographic variation in the endemic Ryukyu green snake *Cyclophiops semicarinatus* (Serpentes: Colubridae). *Journal of Herpetology*, 29(1), 44-50.
112. Ota, H., & Yamadashima, T. (2012). Notes on the previous records of two sea snakes from the Southwestern Islands of Kagoshima Prefecture, Japan. Bulletin of the Kagoshima Prefectural Museum, 31, 59–65.
113. Pyron, R. A., & Wallach, V. (2014). Systematics of the blindsnakes (Serpentes: Scolecophidia: Typhlopoidea) based on molecular and morphological evidence. *Zootaxa*, 3829(1), 1-81.
114. Rasmussen, A. R., Elmberg, J., Gravlund, P., & Ineich, I. (2011). Sea snakes (Serpentes: subfamilies Hydrophiinae and Laticaudinae) in Vietnam: a comprehensive checklist and an updated identification key. *Zootaxa*, 2894(1), 1-20.
115. 堺淳, 森口一, & 鳥羽通久. (2002). フィールドワーカーのための毒蛇咬症ガイド. 爬虫両棲類学会報, 2002(2), 75-92.
116. Sanders, K. L., Lee, M. S. Y., Mumpuni, Bertozzi, T., & Rasmussen, A. R. (2013). Multilocus phylogeny and recent rapid radiation of the viviparous sea snakes (Elapidae: Hydrophiinae). Molecular Phylogenetics and Evolution, 66(3), 575-591.
117. Sasai, T., Yamamoto, T., Oka, S., & Toda, M. (2021). Addition of the Sea Snake, *Hydrophis stokesii* (Reptilia: Squamata: Elapidae), to the Herpetofauna of Japan. Current herpetology, 40(2), 190-196.
118. Schulz, K. D. (1996). A monograph of the colubrid snakes of the genus *Elaphe* Fitzinger. Koeltz Scientific Books.
119. 千石正一・疋田努・松井正文・仲谷一宏（編）. (1996). 日本動物大百科 5 両生類・爬虫類・軟骨魚類. 平凡社.
120. Shibata, H., Chijiwa, T., Hattori, S., Terada, K., Ohno, M., & Fukumaki, Y. (2016). The taxonomic position and the unexpected divergence of the Habu viper, *Protobothrops* among Japanese subtropical islands. *Molecular Phylogenetics and Evolution*, 101, 91-100.
121. 柴田保彦, 浜野壮一郎, 江島正郎, 松尾長公朗. (1988). 男女群島から知られたシロマダラ. 大阪市立自然史博物館研究報告, 42, 25-32.
122. 島田知彦. (2002). アカマダラとサキシママダラにおける死体食の例. 爬虫両棲類学会報, 2002(1), 7-10.
123. Siler C. D., Oliveros C. H., Santanen, A., & Brown R. M. (2013). Multilocus phylogeny reveals unexpected diversification patterns in Asian wolf snakes (genus *Lycodon*). *Zoologica Scripta* 42(3), 262-277.
124. Slowinski, J. B., Boundy, J., & Lawson, R. (2001). The phylogenetic relationships of Asian coral snakes (Elapidae: *Calliophis* and *Maticora*) based on morphological and molecular characters. *Herpetologica*, 57(2), 233-245.
125. Smart, U., Ingrasci, M. J., Sarker, G. C., Lalremsanga, H., Murphy, R. W., Ota, H., Tu, M. C., Shouche, Y., Orlov, N. L., & Smith, E. N. (2021). A comprehensive appraisal of evolutionary diversity in venomous Asian coralsnakes of the genus *Sinomicrurus* (Serpentes: Elapidae) using Bayesian coalescent inference and supervised machine learning. *Journal of Zoological Systematics and Evolutionary Research*, 59(8), 2212-2277.
126. Smith, M. A. (1943). The Fauna of British India, Ceylon and Burma, including the whole of the Indo-Chinese sub-region. Reptilia and Amphibia, Vol. III. Serpentes. Taylor and Francis.
127. Stejneger, L. (1907). Herpetology of Japan and adjacent territory. *Bulletin of the United States National Museum*, 58, 1-577.
128. Stuebing, R. B., Inger, R. F., & Lardner, B. (2014). A Field Guide to the Snakes of Borneo. Natural History Publications (Borneo).
129. 田原義太慶、福山伊吹, 福山亮郎, 堺淳. (2024). 日本ヘビ類大全. 誠文堂新光社.
130. 高良鉄夫. (1958). 琉球産 *Elaphe* 属 (Ophidia, Colubridae) の 2 種について（予報）. 琉球大学農家政工学部学術報告, 5, 116-119.
131. 高良鉄夫. (1957). 琉球産蛇類に関する新知見. 琉球大学農家政工学部学術報告, 4, 144-156.
132. 高良鉄夫. (1962). 琉球列島における陸棲蛇類の研究. 琉球大学農家政工学部学術報告, 9, 1-202.
133. 高良鉄夫. (2009). 八重山群島（琉球）産ヘビ類に関する若干の知見. 爬虫両棲類学雑誌, 3(2-3), 19-21.
134. Takeuchi, H., Ota, H., Oh, H. S., & Hikida, T. (2012). Extensive genetic divergence in the East Asian natricine snake, *Rhabdophis tigrinus* (Serpentes: Colubridae), with special reference to prominent geographical differentiation of the mitochondrial cytochrome b gene in Japanese populations. Biological Journal of the Linnean Society, 105(2), 395-408.
135. 瀧口勲. (2007). 宮古島産サキシマスジオの飼育下での産卵と孵化. *Akamata*, 18, 12-16.
136. 田中聡. (2006). リュウキュウアオヘビの産卵場所における孵化. *Akamata*, 17, 24-26.
137. 戸田守. (2003). 野外で観察されたリュウキュウアオヘビ *Cyclophiops semicarinatus* の頸部をくねらせる行動. 爬虫両棲類学会報, 2003(2), 67-71.
138. 鳥羽通久. (2004). 渡嘉敷島のアマミタカチホヘビ. 爬虫両棲類学会報, 2004(1), 20-21.
139. 鳥羽通久. (2007). スタイネガー (1907) に掲載された日本とその周辺地域産ヘビ類を見直す. 爬虫両棲類学会報, 2007(2), 182-203.
140. Toriba, M., & Nakamoto, E. (1987). Reproductive biology of Erabu sea snake, *Laticauda semifasciata* (Reinwardt). *The Snake*, 19, 101-106.
141. 鳥羽通久, & 太田英利. (2006). アジアのマルシ亜科の分類：特に邦産種の学名の変更を中心に. 爬虫両棲類学会報, 2006(2), 145-151.
142. Toyama, M. (1983). Taxonomic reassignment of the colubrid snake, *Opheodrys kikuzatoi*, from Kume-jima Island, Ryukyu Archipelago. *Japanese Journal of Herpetology*, 10(2), 33-38.
143. Tu, M. C., Wang, H. Y., Tsai, M. P., Toda, M., Lee, W. J., Zhang, F. J., & Ota, H. (2000). Phylogeny, taxonomy, and biogeography of the central pitvipers of the genus *Trimeresurus* (Reptilia: Viperidae: Crotalinae): a molecular perspective. Zoological Science, 17(8), 1147-1157.
144. Uetz, P., Freed, P., Aguilar, R., Reyes, F., Kudera, J., & Hošek, J. (eds.) (2025). The Reptile Database, http://www.reptile-database.org
145. Voris, H. K., & Voris, H. H. (1983). Feeding strategies in marine snakes: an analysis of evolutionary, morphological, behavioral and ecological relationships. American Zoologist, 23(2), 411-425.
146. Wallach, V. (2009). *Ramphotyphlops braminus* (Daudin): a synopsis of morphology, taxonomy, nomenclature and distribution (Serpentes: Typhlopidae). *Hamadryad* 34(1), 34-61.
147. Wallach, V., williams, K., Boundy, J. (2014). Snakes of the World: A Catalogue of Living and Extinct Species. CRC Press.
148. Yamasaki, Y., & Mori, Y. (2015). Natural history of the Oriental odd-tooth snake (*Dinodon orientale*) in Yamanashi, Japan: Seasonal activity and body condition associated with sex. *Current Herpetology*, 34(1), 60-66.
149. Yamasaki, Y., & Mori, Y. (2017). Seasonal Activity Pattern of a Nocturnal Fossorial Snake, *Achalinus spinalis* (Serpentes: Xenodermidae). *Current Herpetology*, 36(1), 28-36.
150. 養命酒製造株式会社中央研究所. 1999. マムシの生態と養殖. 養命酒製造株式会社中央研究所.
151. Zaher, H., Murphy, R.W., Arredondo, J.C., Graboski, R., Machado-Filho, P.R., Mahlow, K., Montingelli, G.G., Quadros, A. B., Orlov, N. L., Wilkinson, M., Zhang, Y. & Grazziotin, F. G. (2019). Large-scale molecular phylogeny, morphology, divergence-time estimation, and the fossil record of advanced caenophidian snakes (Squamata: Serpentes). *PLOS One*, 14(5), e0216148.
152. 趙爾宓. (2006). 中国蛇類. 安徽科学技术出版社.
153. Zhao, E. M. & K. Adler. (1993). Herpetology of China. Society for the Study of Amphibians and Reptiles.

あとがき

　本書は2024年に出版された『日本ヘビ類大全』の著者陣が、前作の内容をコンパクトにまとめ、フィールドでの使用にフォーカスした内容を新たに書き下ろしたものである。ただ前作をそのままスケールダウンさせるだけではつまらないので、第1章「ヘビの基礎知識」では、ヘビの探し方、撮影の仕方などの新たな内容を盛り込んだ。さらに、前作では触れることができなかった各種の詳細な識別点や識別形質の数え方なども詳しく紹介している。例えば、ヘビの腹板を数える方法として用いられるDowling's methodは、ヘビの分類を研究している人には常識的だが、日本語で紹介されることはほとんどなく、かなりのヘビ好きでも知らなかったという人が多いのではないだろうか。また、第2章「ヘビ図鑑」で使用している写真も、ほとんどは前作『日本ヘビ類大全』では使用していない、新たな撮り下ろしや未公開写真となっている。そのため、前作をお持ちの方であっても新鮮な気持ちで本書を楽しんでいただけたのではないかと期待している。

　野外でヘビを探すのは本当に楽しいものだ。初夏の里山でのシマヘビ探しから、冬の渓流でのヒメハブ探しまで、いつでもどこでもフィールドでのヘビ探しのお供として、本書をボロボロになるまで使って頂けたら、幸甚の至りである。

　本書の制作にあたっては、多くの方にご協力をいただいた。特に以下に記載させていただいた協力者の方々には、写真の提供、フィールドでの同行、撮影用個体の提供、制作にあたっての助言などで多大なお力添えをいただいた。ここに感謝を申し上げる。

2025年4月　福山伊吹

協力者（順不同・敬称略）
Aadit Patel、相澤雅弥、游崇瑋、江頭幸士郎、藤島幹汰、上村信、勝連盛輝、工藤葵、栗田隆気、桑原裕介、森哲、中島淳、仲宗根和哉、太田英利、佐藤文保、杉山高大、下村通誉、高田賢人、寺田考紀、戸田守、山本拓海、山本佑治、山内洋紀、柳拓明、矢野維幾、Wysong・J・龍飛、岩国白蛇保存会、岩國白蛇神社、京都大学フィールド科学教育研究センター瀬戸臨海実験所、日本蛇族学術研究所、沖縄美ら島財団 沖縄美ら海水族館、沖縄こどもの国、原壮大朗、鴻上奈央、鴻上慎吾、笹井隆秀

和名索引

あ
アオダイショウ ——15-18, 20, 22, 26, 30, 34-35, 40, 45, 53, 61-64, 73, 120, 123, 132, 136, 140, 144, 243, 246

アオマダラウミヘビ ——15, 37, 55, 70, 77, 123, 210, 214, 218

アカマタ ——15, 18, 29, 66, 75, 116, 119, 123, 221

アカマダラ ——15-17, 19, 29, 53, 64, 73, 120

アマミタカチホ ——15, 18, 26, 53, 65, 74, 90

イイジマウミヘビ ——15, 53-54, 71, 77-78, 206, 221

イワサキセダカヘビ ——12, 15, 19, 21, 23, 27, 51, 53, 61, 69, 76, 78, 96, 98

イワサキワモンベニヘビ ——13, 15, 19, 23, 51, 53, 70, 76, 78, 182, 184

エラブウミヘビ ——13, 15, 25, 37, 44, 53, 70, 77, 210, 214, 221

か
ガラスヒバァ ——15, 18, 66, 75, 160, 165, 171

キクザトサワヘビ ——15, 18, 23, 50, 52-53, 65, 75, 101, 108, 158-159

クロガシラウミヘビ ——15, 25, 71, 77, 196, 198-200, 204

クロボシウミヘビ ——15, 18, 41, 71, 77, 199-200, 204

さ
サキシマアオヘビ ——15, 19, 21, 25-26, 29, 42-43, 51, 69, 76, 94, 112

サキシマスジオ ——13, 15, 19, 27, 35, 51, 53, 61, 68-69, 75-76, 123, 148, 152-153

サキシマバイカダ ——15, 19, 21, 25, 51, 53, 61, 68, 70, 75-76, 78, 124, 128

サキシマハブ ——15, 18-19, 23, 28, 59, 67, 69, 74, 76, 98, 224, 228, 234, 249

サキシママダラ ——15, 19, 29, 42, 51-53, 68, 70, 75-76, 78, 124, 128

シマヘビ ——15, 17-18, 24, 30, 35, 40, 44, 61-64, 73, 102, 123, 136, 140-141, 144

ジムグリ ——15, 17-18, 28, 31, 35, 47, 62, 64, 73, 136-137, 139, 170

シュウダ ——15-16, 19, 52-53, 101, 120, 154

シロマダラ ——15, 17-18, 29, 34, 46, 60, 64, 73, 132, 174

セグロウミヘビ ——15, 26, 29, 71, 77, 202

た
タイワンスジオ ——15, 18, 51, 67, 75, 148, 152

タイワンハブ ——15, 18, 43, 51, 59, 67, 74, 224, 228, 234

タカチホヘビ ——12, 15-18, 27, 34-35, 40, 63, 73, 86, 170

ダンジョヒバカリ ——15-17, 50, 52-53, 101, 123, 174

ツシママムシ ——15-17, 54, 56, 59-60, 64, 73, 120, 246

トカラハブ ——15, 18, 37, 53, 59, 65, 74, 230

な
ニホンマムシ ——15, 17-18, 24, 26, 30-31, 34, 43-44, 53-54, 56, 58-59, 64, 73, 132, 176, 222, 242, 246-247

は
ハイ ——15, 18, 24, 33, 53-54, 66, 74, 116, 191-192

ヒバカリ ——15-18, 28, 30, 34, 62, 73, 123, 136, 170, 174,

ヒメハブ ——14-15, 18, 21, 31, 35, 58-59, 67, 74, 238

ヒャン ——15, 18, 53-54, 66, 74, 116, 188, 193

ヒロオウミヘビ ——15, 22, 28, 53, 70, 77, 210, 214, 218

ブラーミニメクラヘビ ——10, 12, 15, 17-19, 23, 25, 65, 68, 73-76, 80, 82, 120, 123

ホンハブ ——15-16, 18, 21, 35, 37, 54, 57, 59, 66-67, 74, 123, 221, 224-225, 230-231, 234

ま
マダラウミヘビ ——15, 71, 77, 123, 196, 198-200, 204

ミヤコヒバァ ——15, 19, 50-53, 68, 75, 164

ミヤコヒメヘビ ——15, 19, 22-23, 51-53, 60, 68, 75, 78, 104, 123

ミヤラヒメヘビ ——15, 19, 21, 53, 68, 76, 101, 106

や
ヤエヤマタカチホ ——15, 19, 51, 53, 69, 76, 84, 94, 112

ヤエヤマヒバァ ——15, 19, 69, 76, 98, 166

ヤマカガシ ——15-18, 24, 30-31, 33-36, 43, 46, 51, 55-58, 62-64, 73, 123, 132, 136, 176, 178, 221, 249

ヨウリンウミヘビ ——15, 18, 29, 71, 77, 123, 204

ヨナグニシュウダ ——15, 19, 35, 52-53, 69, 76, 101, 123, 155-156

ら
リュウキュウアオヘビ ——15, 18, 27, 65-66, 75, 108, 158

学名索引

A
Achalinus formosanus chigirai ——————15, 94
Achalinus spinalis ——————15-16, 86
Achalinus werneri ——————15, 90

C
Calamaria pavimentata miyarai ——————15, 106
Calamaria pfefferi ——————15, 104
Cyclophiops herminae ——————15, 112
Cyclophiops semicarinatus ——————15, 108

E
Elaphe carinata carinata ——————15, 154
Elaphe carinata yonaguniensis ——————15, 156
Elaphe climacophora ——————15, 140
Elaphe quadrivirgata ——————15, 144
Elaphe taeniura friesi ——————15, 51, 152
Elaphe taeniura schmackeri ——————15, 148
Emydocephalus ijimae ——————15, 206
Euprepiophis conspicillatus ——————15, 136

G
Gloydius blomhoffii ——————15, 242
Gloydius tsushimaensis ——————15, 246

H
Hebius concelarus ——————15, 164
Hebius ishigakiensis ——————15, 166
Hebius pryeri ——————15, 160
Hebius vibakari danjoensis ——————15, 174
Hebius vibakari vibakari ——————15, 170
Hydrophis cyanocinctus ——————15, 198
Hydrophis melanocephalus ——————15, 196
Hydrophis ornatus maresinensis ——————15, 200
Hydrophis platurus ——————15, 202
Hydrophis stokesii ——————15, 204

I
Indotyphlops braminus ——————15, 82

L
Laticauda colubrina ——————15, 218
Laticauda laticaudata ——————15, 214
Laticauda semifasciata ——————15, 210
Lycodon multifasciatus ——————15, 128
Lycodon orientalis ——————15, 60, 132
Lycodon rufozonatus rufozonatus ——————15-16, 120
Lycodon rufozonatus walli ——————15, 124
Lycodon semicarinatus ——————15, 116

O
Opisthotropis kikuzatoi ——————15, 158
Ovophis okinavensis ——————15, 238

P
Pareas iwasakii ——————15, 98
Protobothrops elegans ——————15, 224
Protobothrops flavoviridis ——————15, 234
Protobothrops mucrosquamatus ——————15, 51, 228
Protobothrops tokarensis ——————15, 230

R
Rhabdophis tigrinus ——————15, 176

S
Sinomicrurus boettgeri ——————15, 192
Sinomicrurus iwasakii ——————15, 184
Sinomicrurus japonicus ——————15, 188

福山 伊吹	1995年神奈川県生まれ。京都大学大学院人間・環境学研究科博士課程修了。博士（人間・環境学）。専門は東南アジアの爬虫両棲類の系統分類学。著書に『日本ヘビ類大全』（共著、誠文堂新光社）、訳書に『ヘビという生き方』（共訳、東海大学出版部）。
福山 亮部	1998年神奈川県生まれ。京都大学大学院理学研究科博士課程在学中。専門は爬虫類の生態学および行動学。著書に『日本ヘビ類大全』（共著、誠文堂新光社）、訳書に『ヘビという生き方』（共訳、東海大学出版部）、写真提供に『新日本両生爬虫類図鑑』（サンライズ出版）、『毒ヘビ全書』『大蛇全書』（グラフィック社）、『Japan: The Natural History of an Asian Archipelago』（Princeton University Press）など。
田原 義太慶	1984年福岡県生まれ。琉球大学大学院理工学研究科修了後、爬虫両生類の写真家・執筆家として活動。著書に『日本ヘビ類大全』（共著、誠文堂新光社）、『毒ヘビ全書』『大蛇全書』（ともに共著、グラフィック社）。日本爬虫両棲類学会会員。
堺 淳	一般財団法人日本蛇族学術研究所主任研究員兼所長代理。ヤマカガシやマムシをはじめ、毒蛇咬傷の病理、抗毒素などの研究を行う他、医療機関向けの毒ヘビ対策研修なども行う。著書に『日本ヘビ類大全』『刺す！ 咬む！ 防御する！ 猛毒をもつ危険生物』（ともに共著、誠文堂新光社）。

フィールドガイド
日本のヘビ
日本産種を完全網羅　美しい写真で識別点がわかる

2025年5月9日　発　行　　　　　　　　　　　　　　NDC487.94

著　者　　福山 伊吹、福山 亮部、田原 義太慶、堺 淳
発　行　者　　小川雄一
発　行　所　　株式会社 誠文堂新光社
　　　　　　　〒113-0033 東京都文京区本郷 3-3-11
　　　　　　　https://www.seibundo-shinkosha.net/
印刷・製本　　株式会社 東京印書館

© Ibuki Fukuyama, Ryobu Fukuyama, Yoshitaka Tahara, Atsushi Sakai. 2025　　Printed in Japan

本書掲載記事の無断転用を禁じます。

落丁本・乱丁本の場合はお取り替えいたします。

本書の内容に関するお問い合わせは、小社ホームページのお問い合わせフォームをご利用ください。

JCOPY <（一社）出版者著作権管理機構　委託出版物>
本書を無断で複製複写（コピー）することは、著作権法上の例外を除き、禁じられています。本書をコピーされる場合は、そのつど事前に、（一社）出版者著作権管理機構（電話 03-5244-5088 ／ FAX 03-5244-5089 ／ e-mail：info@jcopy.or.jp）の許諾を得てください。

ISBN978-4-416-52496-1